Martha Isabel Fandino Pinilla y Bruno D'Amore

HISTORIAS DE LA MATEMÁTICA

PARA NIÑOS SIMPÁTICOS Y CURIOSOS

Título:
Historias de la matemática para niños simpáticos y curiosos
Autores:
Bruno D'Amore y Martha Isabel Fandiño Pinilla
Portada y diagramación:
María Fernanda Peñarete Pérez
Gestión editorial:
Julián David Arciniegas Guzmán
ISBN:
978-958-20-1474-2
Primera edición:
2024

Calle 99 No. 49 –78, La Castellana - Bogotá D.C. – Colombia
www.magisterio.com.co - Info@magisterio.com.co

Fandiño Pinilla, Martha Isabel, autora
Historias de la matemática: para niños simpáticos y curiosos / Martha Isabel Fandiño y Bruno D'Amore -- Primera edición. -- Bogotá: Cooperativa Editorial Magisterio, 2024.
páginas. -- (Aula alegre)

ISBN 978-958-20-1474-2

1. Matemáticas - Historia - Literatura infantil 2. Matemáticos - Literatura infantil I. D'Amore, Bruno, autor II.

CDD: 510.9 ed. 23 CO-BoBN– a1136378

Contenido

Aritmética

Hubo un tiempo en el cual los seres humanos sólo contaban hasta tres. Esto ocurrió hace varias decenas de miles de años. Aquellos primitivos no tenían necesidad de contar: sus verdaderos problemas eran pasar la noche a salvo y encontrar algo de comer para toda la familia.

Poco a poco empezaron a sentir la necesidad de numerar las plantas, los animales, las personas, los días. Fue entonces cuando inventaron un nombre para indicar las cantidades, lo que hoy llamamos número uno lo nombraron "cabeza". Para indicar dos, es decir, un par, utilizaron el nombre "ojos" o "piernas". ¿Te imaginas por qué fue así? Y a partir del tres, todos los números se llamaban "mucho".

De acuerdo con esto, intentemos algunos cálculos:

cabeza + cabeza = ojos

cabeza + ojos = mucho

ojos + ojos = mucho

mucho + mucho = ¡mucho!

Como comprenderás, a partir de "mucho" las cosas empezaron a complicarse, ya que "mucho" podría ser tres, cuatro o cinco o ... ¡un billón! Todo un lío.

No se sabe cuándo, ni quién, ni en dónde se inició a contar como lo hacemos hoy. Pero lo cierto es que quien haya sido utilizaba como calculadora varas de madera entalladas, es decir palos en los cuales se habían hecho muescas para indicar los números del uno en adelante.

Pero estos palos se estropeaban rápidamente, así que pasaron a hacer muescas en algo más duradero: huesos de animales. Se han encontrado huesos de lobo de hace treinta mil años con muescas talladas. Sin embargo, esas hendiduras tenían formas diferentes: por cada cinco, una era más profunda. Esto nos sugiere que también se utilizaban para hacer cálculos. Una verdadera aritmética primordial, probablemente basada en el número cinco que, no por casualidad, corresponde a los dedos de una mano.

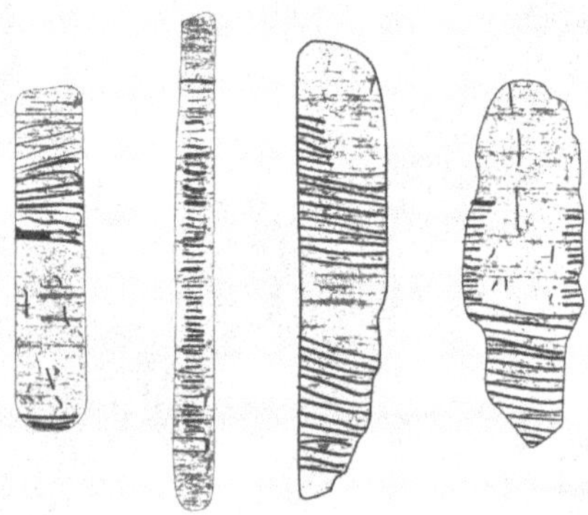

Huesos y piedras talladas del Paleolítco Superior (del -35.000 al -20.000).

Seguramente aquellos antepasados también usaban números bastante grandes porque hasta veinte podían hacerlo sin herramientas, usando los dedos de las manos y de los pies, sin ayuda externa. De hecho, si sintieron la necesidad de utilizar algo que no fuera parte de su cuerpo, significa que eran cálculos demasiado difíciles de hacer mentalmente.

Para qué servían estos números y los primeros cálculos aritméticos, solo podemos imaginarlo. Probablemente contaban bienes o personas de su grupo, para ver si estaban todos. Estos pobladores se desplazaban constantemente en búsqueda de territorios para cazar y recolectar alimentos, ya que no cultivaban, ni siquiera criaban animales; estas actividades llegaron hace unos 11 000 años.

Por supuesto, no sabemos qué nombre daban a los números. Pero sí sabemos que tenían nombres diferentes según lo que contaran; por ejemplo, el seis de seis piedras era diferente del seis de seis ovejas, el primero era un seis "piedroso" y el segundo, ¡un seis "ovejoso"! ¿Te imaginas cómo sería contar así hoy en día?

Pero, ¿quién y cuándo inventó los números tal y como los conocemos nosotros? No lo sabemos con certeza porque los primeros números se escribieron en soportes poco cómodos o resistentes, como en las paredes de las cavernas o en ladrillos de arcilla. De hecho, cuando aparecieron los números escritos, solían escribirse en tablillas de arcilla húmedas que, al secarse, conservaban su marca. Se pueden encontrar algunas de ellas en museos de todo el mundo; pero, como podemos imaginar, la mayoría de estos preciosos documentos se han perdido.

Si bien desconocemos las características de las diferentes aritméticas de ciertas partes del mundo, tenemos algunas referencias de varias poblaciones asiáticas, como los sumerios, que vivían entre los ríos Tigris y Éufrates.

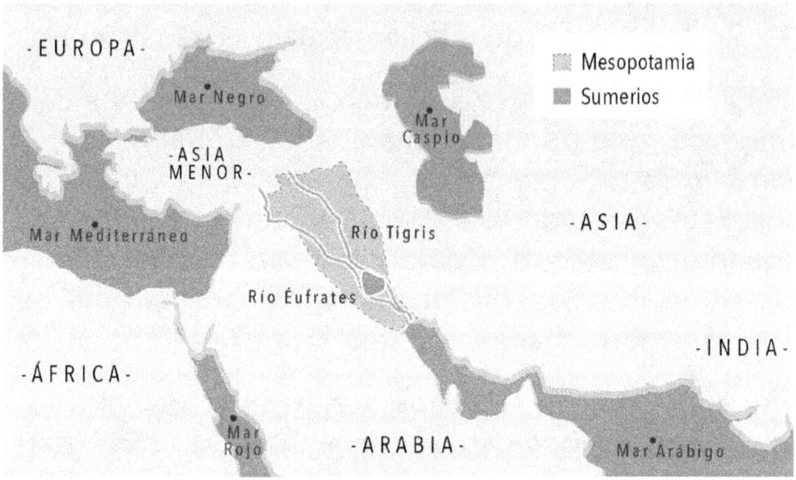

Los números de entonces eran muy diferentes de los nuestros, por supuesto. Los sumerios utilizaban la base sesenta y no diez como nosotros. Escribían en tablillas de arcilla, que no eran fáciles de entender.

Puedes ver ejemplos de números sumerios:

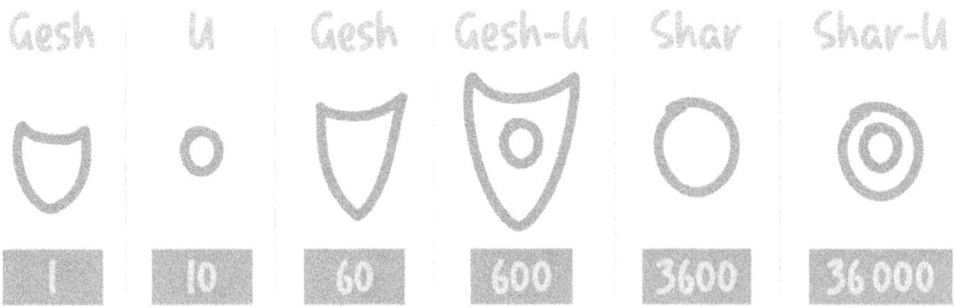

Por ejemplo, vamos a escribir 2572; primero hay que tener en cuenta que:

$$2572 = 4\times600 + 2\times60 + 5\times10 + 2\times1$$

es decir:

4 (veces) Gesh-U + 2 Gesh + 5 U + 2 Gesh;

por lo tanto:

La idea fundamental, como puede verse, es similar a la del sistema decimal actual, aunque más complicada. Había cierta confusión, de modo que la posición de los símbolos no representaba sucesivas potencias de coeficiente de 60; y entonces no se especificó una regla realmente clara. A menos que futuros descubrimientos nos permitan saber más algún día.

Por su parte, los babilonios, que se asentaron más tarde en ese mismo territorio, adoptaron un sistema de escritura diferente.

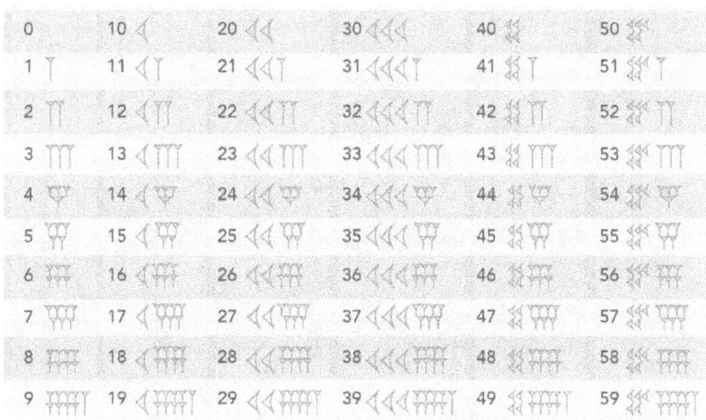

Números babilónicos.

Cada uno de los símbolos que forman un número se llama cifra. Estas pueden repetirse incluso dos, tres o más veces; por ejemplo, pensemos en el número 3332: la cifra 3 se repite tres veces para escribir: tres mil trescientos treinta y dos.

Se trataba de instrumentos algo rudimentarios, es cierto, pero ya eran verdaderos números. Los babilonios construyeron una aritmética sofisticada, hecha de cálculos e incluso de operaciones también complejas. Incluso tenemos pruebas de que habían encontrado métodos para resolver ecuaciones.

Aprendamos un poco más sobre la aritmética de Babilonia. Para calcular los productos de pares de números, se utilizaban tablas especialmente preparadas y grabadas.

Veamos un ejemplo concreto. Para facilitar tu lectura, escribimos el signo de multiplicación y el segundo factor (×25). Ten en cuenta que en las tablillas reales solo aparecía el primer factor (en verde) y el producto (en azul).

1 (×25) 25

2 (×25) 50

3 (×25) 1 15 (una vez 60 y 15 unidades, por tanto 1 15, es decir, en nuestra escritura actual: 75)

4 (×25) 1 40 (una vez 60 y 40 unidades, por tanto 1 40, es decir: 100)

5 (×25) 2 5 (2 veces 60 y 5 unidades, por lo tanto 2 5, es decir: 125)

y así sucesivamente.

Pasaron varios siglos desde las operaciones de los sumerios para conocer los números tal y como los conocemos hoy. Alrededor del año 500, en la India, inventaron un sistema numérico muy parecido al que hoy estudiamos. Era un sistema formado por pequeños signos, las "cifras", que combinados entre ellos dan números, incluso los más complejos.

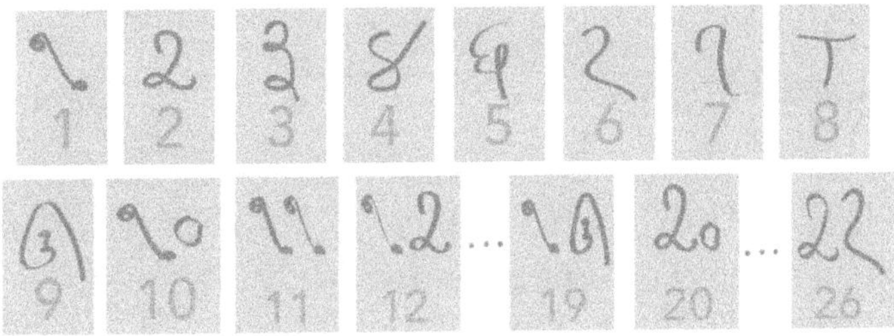

Números indios.

He aquí un ejemplo de una operación india, el *rayo* (porque era, según ellos, muy rápida), para realizar la multiplicación 8357×94. Para simplificar, utilizamos las cifras actuales.

Dispongamos las cifras como se muestra:

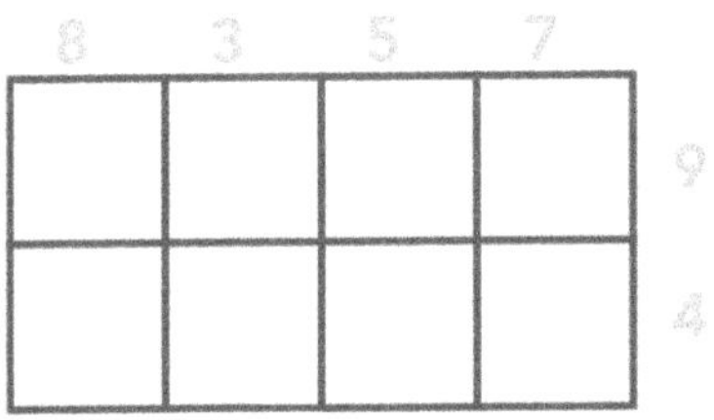

Ahora incluyamos los productos parciales y ordenémoslos como sigue:

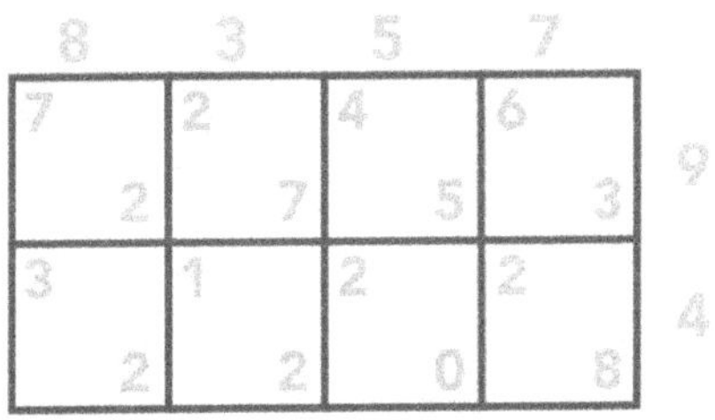

Trazamos ahora todas las diagonales de los rectángulos, uniendo las contiguas:

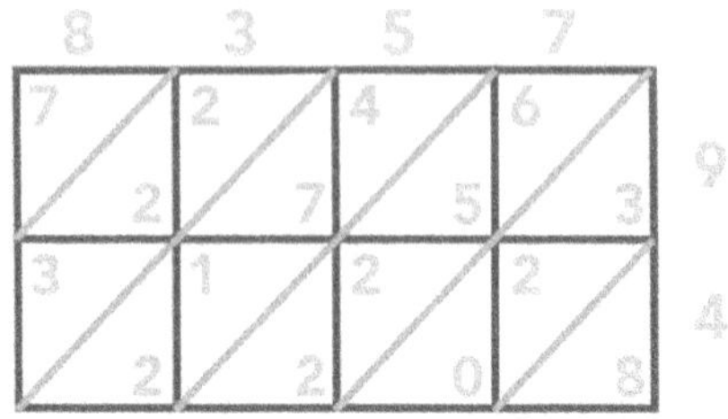

Ahora sumamos los términos individuales siguiendo las direcciones indicadas por las diagonales, y llevamos el dígito de las decenas a la siguiente suma si es necesario:

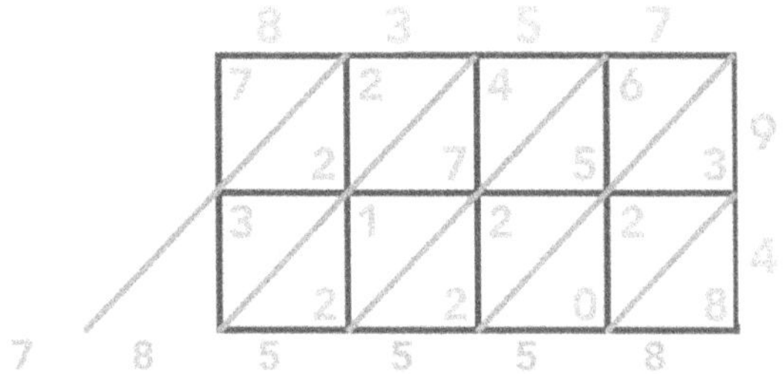

Obtenemos como resultado el número requerido: 785 558. ¡Prueba con el método moderno y encontrarás la coincidencia!

Los matemáticos de India estaban tan fascinados por los números que hasta escribían libros de matemática como si fueran poemas o cuentos y les ponían títulos que recordaban leyendas o historias; por ejemplo, hacia el año 1150 se publicó el libro más famoso de aritmética titulado *Lilavati* porque está dedicado a una doncella que tenía ese nombre; se trataba de juegos aritméticos que pretendían alegrarla y divertirla.

Poco a poco se fueron perfeccionando los sistemas de navegación y, de este modo, cada vez hubo más contacto entre los pueblos. Así, los árabes empezaron a navegar aquí y allá por los océanos, por el mar Mediterráneo, intercambiando mercancías con los europeos, principalmente los italianos, de los cuales los genoveses y venecianos fueron destacados.

En sus bodegas cargadas de tesoros, los árabes trajeron también una gran idea ingeniosa, una nueva aritmética basada en diez cifras, las actuales (o casi actuales) que en Europa se llamaban entonces "figuras de los indios", es decir "cifras de los indios". Y, entre estos números, uno que no vale nada en absoluto, pero que constituye la mayor creación de la historia de la matemática: el número cero.

He aquí un resumen de las cifras utilizadas primero en India, luego en el mundo árabe, después en Europa y finalmente en todo el mundo.

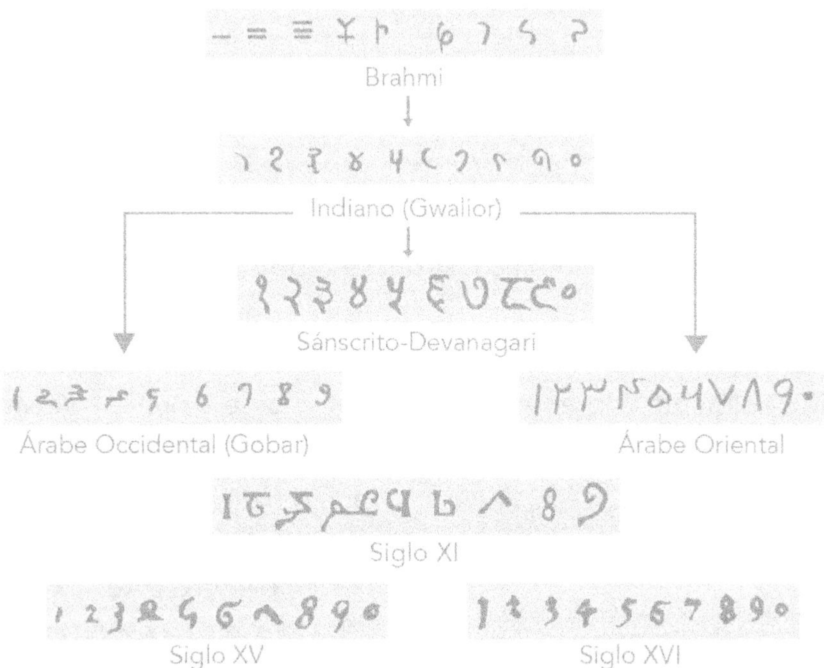

Hoy tenemos diez cifras, pero antes había veinte, como los dedos humanos de manos y pies. La gente que vivía descalza estaba acostumbrada a ver los dedos de los pies con más frecuencia que ahora y, por tanto, los utilizaba para contar. No es una mala idea. Por ejemplo, en la aritmética de la cultura Maya, un gran pueblo que vivió entre Norte y Centroamérica, la base es veinte.

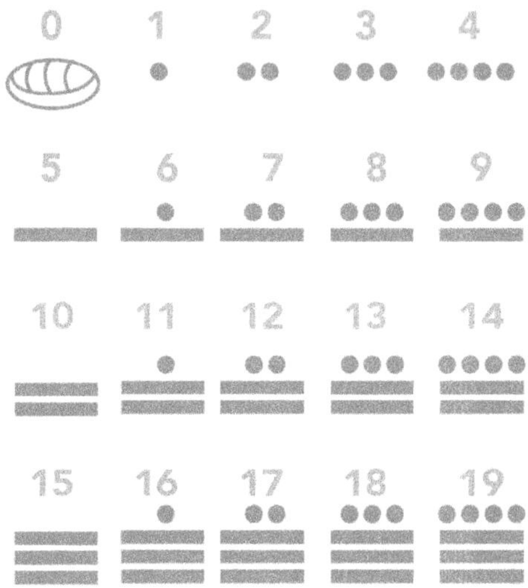

Números mayas del 0 al 19.

El sistema numérico maya era perfecto; incluso tenían el cero. Era completamente idéntico al nuestro de hoy, pero con base veinte y no diez.

Los aztecas también habían desarrollado una matemática (completamente diferente) que tenía como base el número veinte.

Números aztecas:
1 = punto o dedo;
20 = bandera;
400 (20^2) = pluma o pelo;
8000 (20^3) = costal o saco de carga

El pueblo Inca también utilizaba un instrumento para representar números y hacer cálculos aritméticos: *la yupana*. Muchas de ellas se conservan en diversos museos.

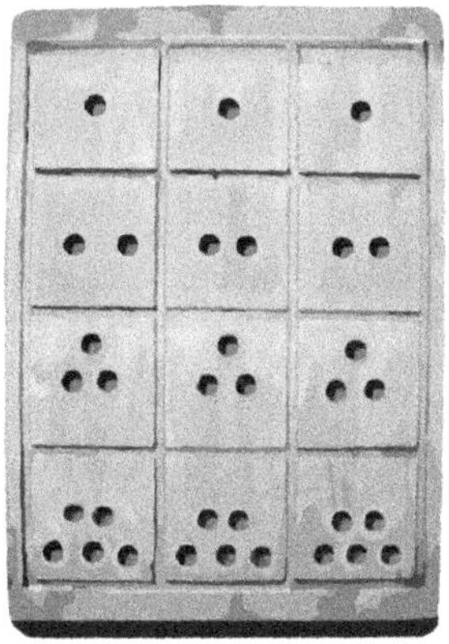

Antigua máquina de calcular peruana: la yupana.

Por ejemplo, los números 369, 507 y 80 se veían así en la yupana:

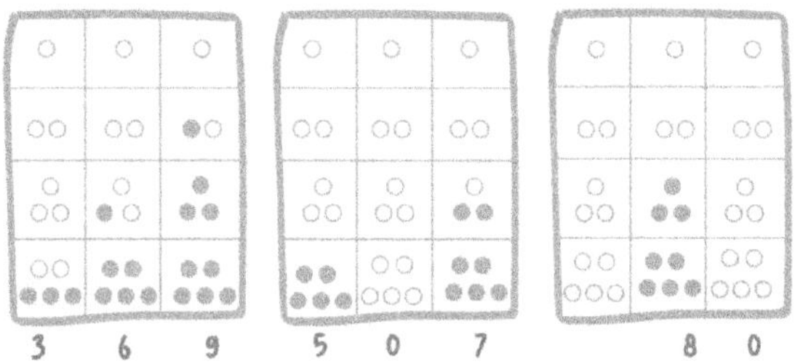

Y al sumar 127 + 62, lucían así:

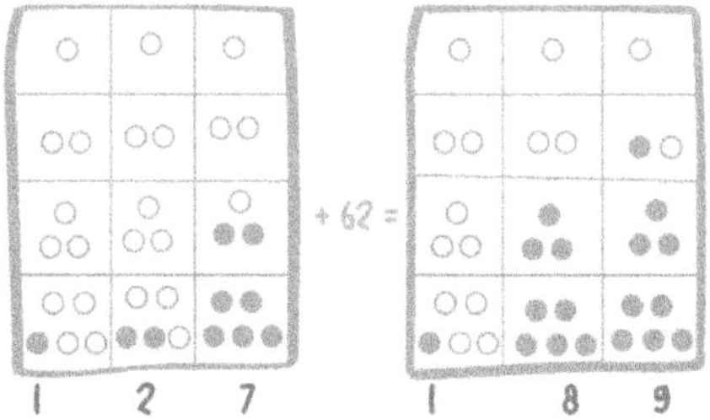

El + 62 no se escribe, se tiene en cuenta.

Los incas también utilizaron otra herramienta no solo para memorizar números, sino también para hacer cálculos, son los *quipus*. Si bien se considera que es una herramienta aritmética de los incas, en realidad estos se apropiaron de ella cuando invadieron las tierras quechuas (actualmente en Ecuador, Bolivia y Perú); en esa lengua, quipu significa nudo; de hecho, los nudos son la base de esta herramienta.

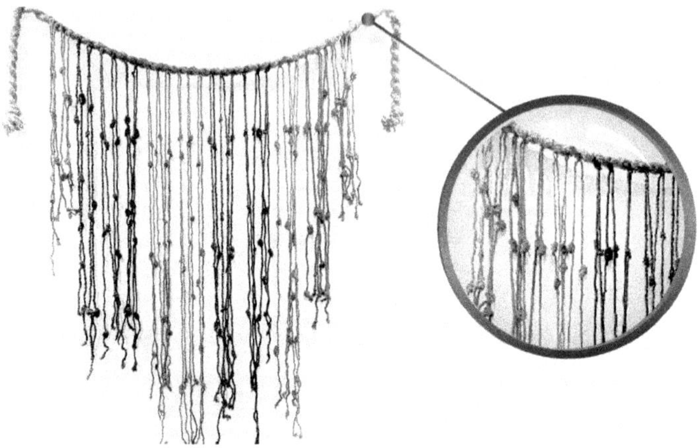

Detalle de un quipu.

Al ver un quipu encontramos una cuerda gruesa a la cual se atan otras más finas, todas de la misma longitud; cada una de estas representa un tipo diferente de mercancía; en las cuerdas más finas se atan nudos; "0 nudos" significa 0 cantidades unitarias de esa mercancía; y luego hay nudos de complejidad variable, cada uno de los cuales indica una medida, normalmente con 10 como número base.

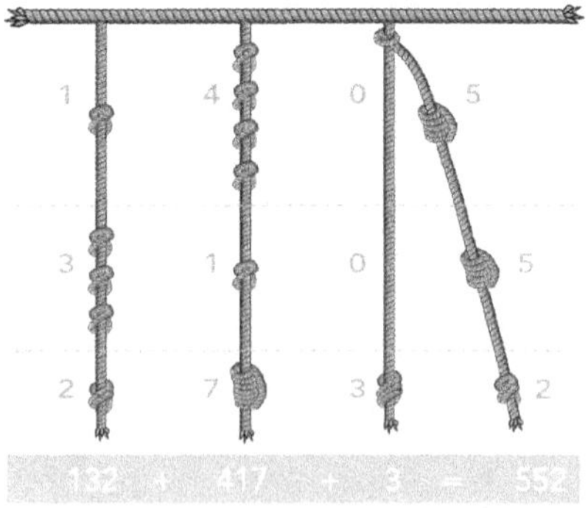

Cálculos con quipu.

Tener una base fija y un sistema posicional es muy conveniente para la aritmética; gracias a ello es sencillo para un niño hacer la multiplicación 16×4, contando con nuestro cómodo sistema indo-árabe. Pero para un romano de la antigüedad hacer lo mismo con sus dígitos era una tarea imposible: XVI × IV sería un cálculo tremendamente complejo que casi ningún romano antiguo podía realizar. Para hacerlo tenían que utilizar herramientas especiales o memorizar todas las tablas de multiplicar posibles, ¡qué tarea!

Los signos gráficos utilizados por los romanos eran los siguientes:

I es 1 V es 5 X es 10 L es 50 C es 100 D (o IↃ) es 500 M es 1000

I	II	III	IV	V	VI	VII	VIII	IX	X	XX	XXX	XL
1	2	3	4	5	6	7	8	9	10	20	30	40

L	LX	LXX	LXXX	XC	C	CCC	CD	D	M
50	60	70	80	90	100	300	400	500	1,000

CCIↃↃ, $\overline{X}$	CCCIↃↃↃ, $\overline{C}$	CCCCIↃↃↃↃ, $\lvert\overline{X}\rvert$
10,000	100,000	1,000,000

Sistema numérico latino.

Hacer cálculos era algo complejo, por lo que tenían que utilizar máquinas especiales, llamadas *ábacos*, sobre las cuales tenían que mover guijarros (cálculos).

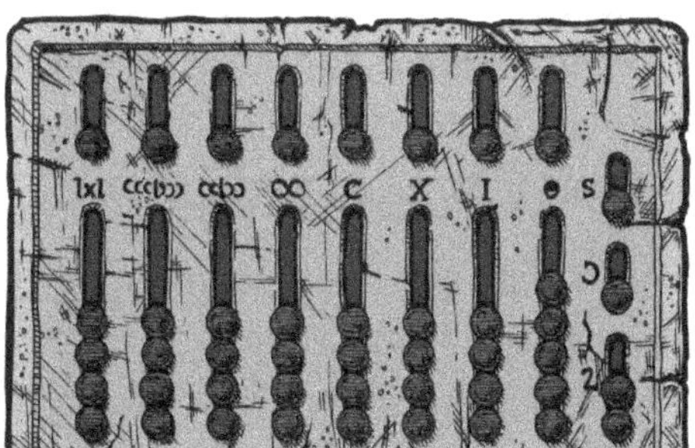

Ábaco romano con cálculos.

Pero incluso entre las poblaciones que cuentan con base diez hay diferencias, pequeñas pero importantes. Algunos pueblos sudamericanos, por ejemplo, empiezan a contar desde el dedo meñique de la mano izquierda, mientras que entre los europeos el número 1 se indica normalmente con el pulgar de la mano derecha o el índice de la izquierda.

Como hemos visto, no todos los pueblos utilizaban la misma base para contar. Históricamente, el ser humano ha elegido bases vinculadas al número de dedos, de allí que las bases preferidas han sido 10, 20 y 5. Algunos han utilizado la base 60, probablemente vinculada al número 360, que sigue siendo útil para medir el tiempo (una hora se compone de 60 minutos, en todo el mundo).

También se han utilizado bases que hoy nos parecen complicadas, como la base 12. Pero esta tiene en realidad una gran ventaja: 12 es divisible por 3. Para nosotros, que tenemos la base 10, dividir por 3 puede ser difícil. Muchos números pares no se pueden dividir por 3 y lo mismo ocurre con números importantes como 10, 100 y 1000. Si tu abuela te regala 10 dólares y los vas a compartir con dos primos de manera equitativa, ¿cómo lo harías? Es imposible entregar a los tres exactamente la misma cantidad, sabiendo que tendrías que realizar la operación 10÷3=3,3333... y no tendrías modo de entregar esa cifra de dinero. En ese caso la base 12 sería realmente útil: si tuvieras un billete de 12 dólares (¡si existiera!), les corresponden 4 dólares a cada uno, dado que 12÷3= 4.

Existe una palabra clave para entender la idea de base: "reunir". Imaginemos que tenemos 48 guijarros y queremos hacer grupos de igual cantidad con ellos. ¿Cómo se pueden dividir? Elegir el divisor es como elegir la base del sistema numérico:

✓si usamos la base 12 tendremos 4 grupos de 12; con base 12, por tanto, este número se escribiría 40 (4 docenas y 0 unidades); puede parecer un cuarenta, pero en realidad son cuatro docenas;

✓si usamos la base 10 tendremos 4 decenas y 8 unidades: 48;

✓si usamos base 2 tendremos 24 pares y cero unidades: 240.

Pero existe una base numérica muy difundida: ¿has escuchado hablar sobre los números binarios? Estos son los componentes de los cálculos con base 2. Es una de las bases más intuitivas que existen y por eso fue y sigue siendo utilizada por los pueblos indígenas con aritméticas simples, pero también para programar ordenadores y aparatos electrónicos. Es la base de la informática: encendido (1) y apagado (0).

Si se observan con atención los nombres de los números en las lenguas modernas, se puede notar que incluso hoy en día hay referencias a bases anteriores, a veces complicadas.

Por ejemplo, en francés, 20 se dice *vingt*, 60 se dice *soixante*, 70 se dice *soixante-dix* (es decir: sesenta y diez), 75 se dice *soixante-quinze* (es decir, sesenta y quince), 80 se dice *quatre-vingts* (es decir: cuatro-veinte). Lo que significa que, en la numeración antigua de la lengua francesa, se utilizaban dos bases mezcladas, la base 20 y la base 60. Estas bases ya no están presentes hoy en día en la aritmética de Francia (que es a base 10), pero siguen estando presentes en la lengua. Por eso, los niños franceses tienen que aprender estos extraños y antiguos nombres de números.

En el caso de Dinamarca, tenemos que 20 en danés se dice *tyve*; 60 se dice *tres*, que significa "3 veces 20"; 80 se dice *firs*, que traduce "4 veces 20"; finalmente, 70 se dice *halvfjerds*, que significa "mitad cuarta vez", algo que podríamos expresar como $20+20+20+\frac{20}{2}$.

De allí deducimos que en la antigua Dinamarca la base era 20 y de ella solo quedan los nombres de las cantidades. Por eso, los niños daneses tienen que aprender así los nombres de los números.

Sólo hemos dado dos ejemplos, pero se podrían dar muchos más, algunos incluso más complicados.

Finalmente, viajemos en el tiempo a finales del siglo XVIII, durante la Revolución Francesa, cuando los científicos unificaron los sistemas de medida e intentaron proponer como base universal el 10 para todo, incluso el tiempo. Esto tuvo un éxito parcial, dado que hubo una fuerte oposición respecto al tiempo, lo cual generó rechazo.

También en esa época se buscaba un acuerdo internacional sobre las unidades a utilizar para medir distancia, peso y capacidad, ya que para entonces los países utilizaban, cada uno, sus unidades de medida propias, lo cual significaba un caos al comerciar o viajar entre países. Sin embargo, pasaron siglos para que se lograra consenso en considerar el metro como unidad para medir las distancias; el kilogramo, para la masa; el litro, para la capacidad. A pesar de ello, aún no se ha logrado uniformidad y existen discordias en las unidades de medida para diferentes situaciones y materiales.

Geometría

El primer matemático reconocido por la historia fue Tales de Mileto (640 a. C. - 550 a. C), quien nació y vivió en el territorio que hoy llamamos Turquía

Las especialidades de Tales eran la geometría y... ¡la magia! Con estas dos artes, predijo grandes acontecimientos naturales y asombró a un faraón de Egipto.

Tales de Mileto

La historia dice que Tales estaba en Egipto y, como era muy famoso, a veces visitaba el palacio del faraón. Había visto que, para medir las pirámides y las columnas, los egipcios utilizaban un método bastante incómodo y peligroso: subían a lo alto de la columna llevando una cuerda. Cuando llegaban allí, la colgaban hasta que tocaba el suelo y la cortaban. Luego bajaban y medían la longitud del trozo de cuerda cortado; así sabían exactamente la altura de las columnas.

Un día, Tales, de pie ante una columna muy alta, tuvo una idea. Clavó un palo perpendicular al suelo y esperó una hora del día en que la sombra que este produjera fuera exactamente tan larga como el palo mismo. Cuando eso ocurrió, Tales confirmó que si el palo y su sombra medían igual, la sombra de la columna sería tan larga como la columna misma. De este modo, esperó y luego midió la sombra y, ante el asombro de todos, ¡anunció la altura de la columna! Había utilizado un planteamiento matemático formidable: las proporciones... aunque para los presentes esto había sido un acto de magia.

Tales era un maestro; entre sus alumnos parece que se encontraba el griego Pitágoras de Samos (580 a. C. - 500 a. C.), uno de los más grandes matemáticos de la historia

Pitágoras es reconocido porque demostró un teorema que desde entonces lleva su nombre y, además, es recurrente en las clases de matemática de todas las escuelas del mundo. Además de gran matemático, también fue filósofo destacado y algunas fuentes mencionan que fue un célebre atleta en su juventud.

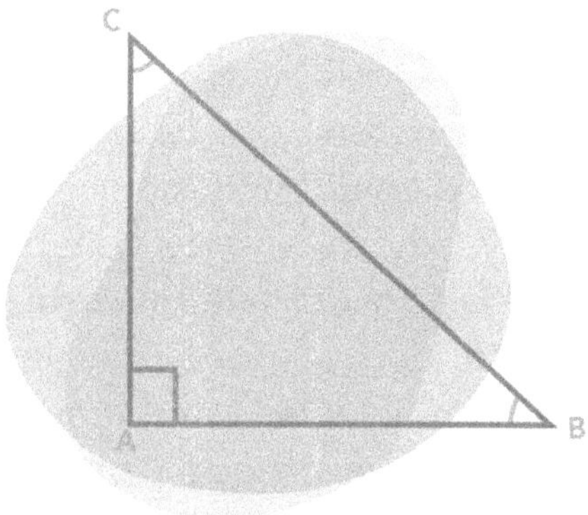

Triángulo rectángulo.

Veamos más a fondo el famoso teorema que lleva su nombre. Tomemos un rectángulo y tracemos una diagonal. Ahora tenemos dos lados del rectángulo que forman un ángulo recto, es decir, un ángulo de 90°, y un tercer lado que une los dos primeros, la diagonal, y es más largo. Tenemos, pues, un triángulo rectángulo. Los dos lados más cortos se llaman catetos y el más largo hipotenusa.

Ya estamos listos para enunciar, como se dice en matemática, el teorema de Pitágoras:

La suma de las áreas de los cuadrados construidos en los lados que forman el ángulo recto (es decir, los catetos) es igual al área del cuadrado construido en el otro lado (es decir, sobre la hipotenusa).

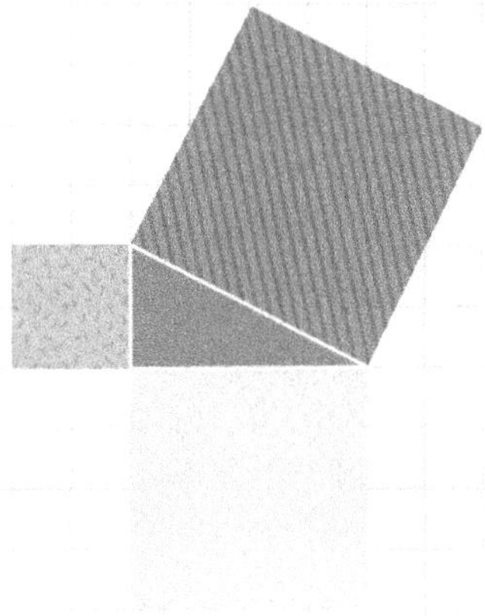

En conclusión, el área del cuadrado rojo es igual a la suma de las áreas de los cuadrados amarillo y naranja.

Por ejemplo: si los dos catetos miden 3 m y 4 m, sus cuadrados miden 9 m^2 y 16 m^2, por lo que su suma es: 25 m^2. Pues bien, en este caso la hipotenusa mide 5 m, ya que $5^2=25$.

Observa un ejemplo más: si los catetos de un triángulo rectángulo miden 5 m y 12 m, la hipotenusa mide 13 m, pues:

$$5^2 + 12^2 = 13^2.$$

Si tienes interés y mucho tiempo, puedes encontrar otras soluciones, es decir, otras "ternas pitagóricas" ... ¡estas son infinitas!

Pero aunque este hecho matemático se otorga a Pitágoras, era conocido en Egipto al menos 1500 años antes de él. Existen incluso papiros egipcios que representan este conocimiento. Pero, aunque Pitágoras no descubrió esta propiedad, su mérito está en haber sido el primero en demostrarlo, que es la forma de validar en matemática.

Pero hay un secreto que pocos conocen y ¡es solo para ti! Observa: si en lugar de cuadrados, construimos cualquier otra figura regular (es decir, con lados iguales) sobre los lados del triángulo rectángulo, el teorema sigue funcionando.

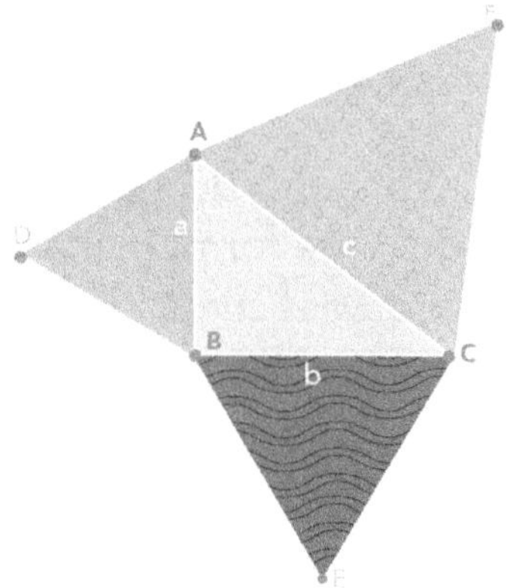

Entonces, si construimos tres triángulos equiláteros sobre los lados, el teorema sigue funcionando: la suma de las áreas de los triángulos equiláteros construidos sobre los catetos es igual al área del triángulo equilátero construido sobre la hipotenusa. Esta misma situación ocurrirá si realizamos el mismo ejercicio, construyendo hexágonos regulares o semicírculos.

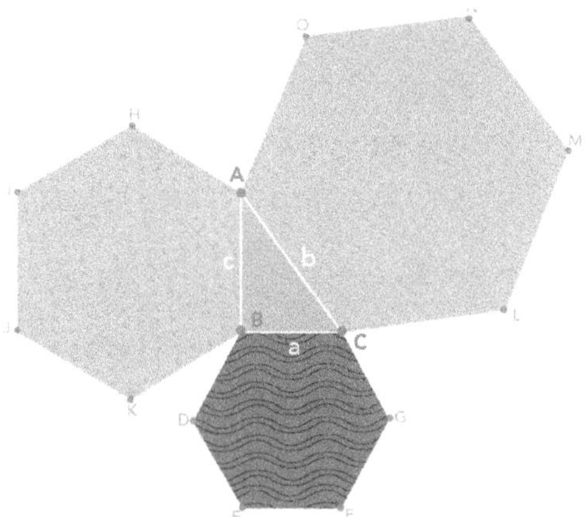

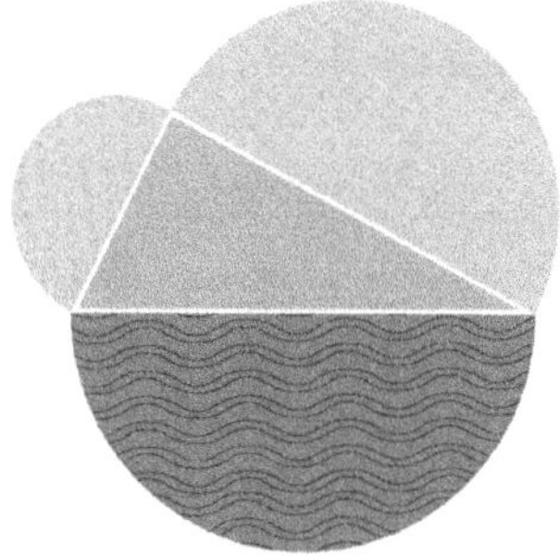

Este teorema también era muy útil en la práctica, desde la época de los faraones del antiguo Egipto. De vez en cuando, el río Nilo se salía de su cauce y se desbordaba. De este modo, se borraban los límites entre las propiedades: ¿cómo arreglar el asunto? Los terratenientes llamaban inmediatamente a los *arpenodaptas*, o "tensionadores de cuerda". Eran personas ricas y muy famosas que cumplían labores casi de ingenieros. Su trabajo consistía en tensar unas cuerdas adecuadamente, con nudos aquí y allá, todos colocados a la misma distancia unos de otros, para calcular áreas y perímetros a la perfección. Estos arpenodaptas ponían en práctica un sencillo truco que les hacía más importantes que los magos: el teorema de Pitágoras; es decir, podían calcular las distancias adecuadas y, sobre todo, trazar ángulos rectos.

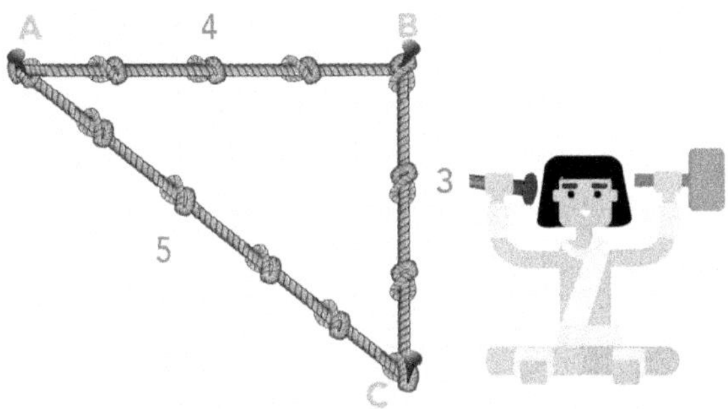

Arpenodapta usando una cuerda con nudos para explotar el teorema de Pitágoras.

El teorema de Pitágoras sigue vigente, sirve hoy a albañiles, carpinteros y maestros de obra, a quienes construyen carreteras, puentes o ferrocarriles; incluso los pilotos lo emplean cuando aterrizan un avión... todo porque necesitan ángulos rectos. Es quizá el resultado matemático con más aplicaciones de todos los tiempos.

Más sobre aritmética

Ya sabemos que nuestra aritmética actual se basa en diez cifras. Pero cuidado con las palabras: el número "diez" no es *una* cifra, se necesitan *dos* cifras para escribirla. Está formada, de hecho, por las cifras 1 y 0.

La primera cifra sobre la cual se basa nuestro sistema numérico es el cero. ¡Atentos! Cero también es un número e indica una cantidad. Por ejemplo, ¿cuántas sillas hay en la imagen? 8. ¿Cuántos pupitres? 7. ¿Y cuántos televisores? Cero.

Los números como 4, 1 ó 0, indican cantidades; aunque este último, el 0, es un invento un poco más joven. Apareció en la antigüedad, en diversos pueblos; pero no se consideraba un número. Era imposible aceptar que un número indicara una cantidad inexistente, vacía. Pero luego, aproximadamente en el año 500, en la India el cero se fue aceptando como un número y como cifra, como todos los demás. Se le llamó "sunìa".

Cuando los números de la India llegaron a Europa, a través de los árabes, como hemos dicho, los pueblos latinos se dieron cuenta de lo poderosa que era esta ¡"magia"!

La magia de poder escribir diez, cien, mil o un millón con sólo usar bien el cero como cifra:

diez 10

cien 100

mil 1000

un millón 1000000

O la magia de una cifra que, si se coloca en medio o al final, puede cambiar profundamente los números. Pensemos, por ejemplo, en el número 12. Si colocamos el cero en medio de las cifras, se convierte en 102. Si lo colocamos al final, se convierte en 120. Cuantos más ceros añadimos, más gigantesco se vuelve el número: 1200 000 000.

El creador de todos estos milagros matemáticos es una cifra que, por sí sola, no vale nada y te puede parecer trivial, pero para aquellos tiempos era un logro alucinante.

A partir de esto, la historia dijo adiós a los números romanos y ¡bienvenidos, números indio-árabes! Los matemáticos fueron admiradores inmediatos, los comerciantes se dieron cuenta de lo cómodo que era y lo utilizaron una y otra vez para agilizar sus cuentas. Fue así como en el ámbito matemático empezaron a llamarlo "cero", proveniente del término *céfiro*, que significa "estrella brillante".

En otros contextos, los árabes lo llamaron "sifr", de donde derivó la palabra "cifra". La palabra que hoy designa a todas las cifras deriva del antiguo nombre de la única cifra fascinante, que está en el todo, la nada, el infinito.

El cero significó una facilidad en la escritura de números y la realización de cálculos, gracias al nuevo sistema posicional con base diez.

Mucho hemos hablado de historia, de los indios que inventaron juegos matemáticos y dieron nombres poéticos a los libros de aritmética; ahora veamos, de los árabes, su pasión por los acertijos matemáticos. Uno de los más famoso es el siguiente, que suena a una verdadera magia.

Un padre muy anciano agonizaba y quiso dejar como su herencia 17 camellos a sus 3 hijos para que los repartieran de la siguiente manera: la mitad al primer hijo, un tercio al segundo y la novena parte al tercero. Como la división resultó imposible, los herederos recurrieron a un juez. Este llegó en su camello, que sumó a los 17 de la herencia, haciendo un total de 18 camellos. Entonces dio 9 camellos al primer heredero (la mitad), 6 al segundo (un tercio) y 2 al tercer heredero (un noveno). Nótese que 9+6+2=17. De este modo sólo quedó un camello, precisamente el del juez. Que lo montó y se marchó. Dejando a todos contentos, pero bastante asombrados.

Esa es la magia de saber usar los números como herramienta para la vida.

Otro número mágico: π

A menudo nos preguntamos cuál es otro número importante en matemática, aparte del cero, y cada uno tiene su opinión. Pero hay que admitir que existe un número tan importante que se le ha dado un nombre propio: Pi griego o simplemente Pi; se escribe con la letra *p* del alfabeto griego, es decir: π.

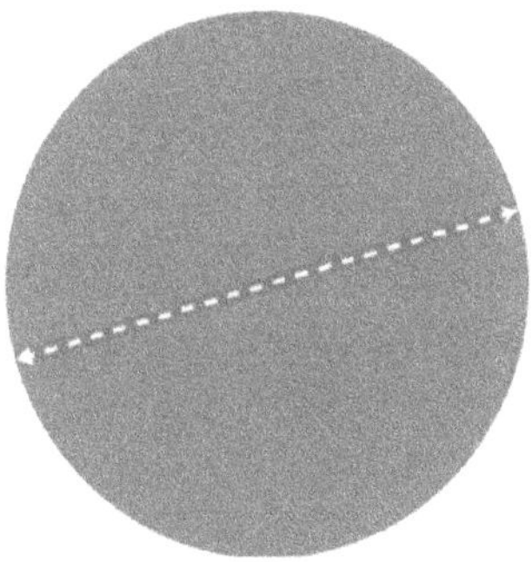

Circunferencia y su diámetro.

Con este nombre se denomina al resultado de dividir la longitud de una circunferencia por la medida de su diámetro. Ya desde la más remota antigüedad, el ser humano se había dado cuenta de que esta operación da una constante fija (es decir, no depende de la especifica circunferencia): es algo mayor que 3.

Los hebreos pensaban que valía exactamente 3, los egipcios eran más precisos y lo calcularon en 3,16.

Arquímedes

Por su parte, Arquímedes (287 a. C. - 212 a. C.), greco - siciliano, lo aproximó a 3,14. En todo caso, para describirlo tendríamos que utilizar dos palabras difíciles, y decir que π es un número irracional y trascendente, porque no hay ninguna ecuación algebraica en el mundo que pueda darlo como resultado.

Es imposible escribirlo completamente porque tiene infinitas cifras después de la coma que parecen colocadas al azar (es decir: no se trata de un numero periódico que se repite); la única forma de escribirlo es aproximarlo. En algunos países, las escuelas aproximan π a 3,14, mientras que en otras se toma como 3,1416.

Tan célebre es el número π que el 14 de marzo de cada año, celebramos en todo el mundo el Día Mundial de Pi, porque la fecha es mes 3 (marzo) y día 14. Y esta fecha es también la fiesta de la matemática.

Los números han sido objeto de misterios y acertijos, incluso en la cotidianidad, gracias a una propiedad increíble: son infinitos. Así, muchas veces se nombran cifras enormes intentando exagerar una cantidad; y si alguien te dice que un billón de billones de billones es el número más grande del mundo, ¡fácilmente puedes desmentirle con solo sumarle uno!

Si de imaginar números verdaderamente gigantescos se trata, el matemático Claude Shannon (1916 – 2001) es insignia. Este estadounidense, dedicado a la informática, calculó cuántas partidas de ajedrez diferentes pueden jugar dos contrincantes.

Es sabido que el ajedrez, llamado el deporte ciencia, cuenta con muchísimas combinaciones para sus movimientos. Entonces, Shannon, después de hacer un sinnúmero de cálculos muy complicados, llegó a la conclusión de que las posibles partidas son de 100 elevado a 120; esto se expresa 100^{120} y significa que tienes que multiplicar 100 por sí mismo 120 veces, imagínate:

10 000 000 000 000 000 000 000 000 000
000 000 000 000 000 000 000 000 000 000 000
000 000 000 000 000 000 000 000 000 000 000
000 000 000 000 000 000 000 000 000.

Al otro lado de las cifras gigantes está la pregunta sobre cuál es el número más pequeño y, naturalmente, conoces la respuesta: cero. Este es el más pequeño de los llamados "números naturales":

0 1 2 3 4 ... 10 ... 99 ... 301 ... 1000 ... 2000 ...

Pero existen también números que van por debajo de cero, empleados para expresar, por ejemplo, las frías temperaturas invernales o los lugares por debajo del nivel del mar. A estos se les denomina números enteros.

Son enteros negativos cuando están por debajo de cero:

-1, -2, -3, -4, -100, -500 ...

Al otro lado están los positivos mayores que cero:

1, 2, 3, 4, 100, 500 ...

Piensa que los números por debajo de cero son un invento antiguo, de los cuales debemos agradecer una vez más a los indios. Durante mucho tiempo parecieron tan extraños que en Europa se les llamaba "números absurdos". Luego se comprendió su utilidad y todo el mundo empezó a utilizarlos.

Otra vez cero

Desde la Edad Media rondó la pregunta si el cero es un número par o impar. La respuesta se puede dar fácilmente, teniendo en cuenta que un número es par cuando al dividirse por 2, da 0 como residuo; por ejemplo:

6÷2 da 3, con residuo 0

1000÷2 da 500, con 0 como residuo.

De otra parte, un número es impar si al dividirlo por 2, da como residuo 1; por ejemplo:

7÷2 da 3, con residuo 1

11÷2 da 5, con residuo 1

Ahora llegamos al cero y decimos que:

0÷2 da 0, con residuo 0,

así que 0 es sin duda un número par.

Además, los números pares e impares siempre se alternan. Así que todo número impar tiene dos números pares a su alrededor. El 1 (impar) no es una excepción: va seguido del 2 (par) y precedido del 0 (par).

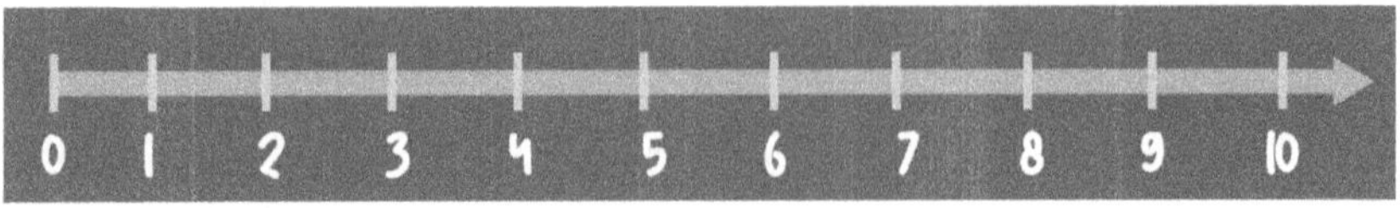

Muchas personas se preguntan qué sentido tiene saber si un número es par o impar. De hecho, hoy en día parece ser una mera curiosidad sin ninguna importancia práctica o concreta, aunque en la historia antigua, por alguna razón, los números pares siempre han sido vistos como simpáticos y agradables mientras que los impares siempre han sido vistos como traviesos, intrigantes e incluso un poco odiosos. Pero esto tiene poco que ver con la matemática... O, ¿te parece que el 7, el 15 o el 27 son desagradables?

A los antiguos matemáticos les fascinaba bastante el hecho de que cualquier número (grande o pequeño) multiplicado por cero siempre da cero. Y aún más por el hecho de que 0x0=0, así como 1x1=1. Todas cosas que, hoy en día, parecen muy obvias y nada misteriosas.

Los matemáticos de la India estaban aún más fascinados por el hecho de que 0÷5, 0÷9 ó 0÷100 siempre dan como resultado 0. Pero no pudieron entender cuál es el resultado de las "divisiones" 5÷0, 9÷0, 100÷0. Los matemáticos árabes también se plantearon este problema, que resulta totalmente inútil, ya que dividir por 0 simplemente no tiene sentido; no se puede poner el número 0 después del signo de división, y ya está. Ningún misterio.

Números primos

Otra categoría de números que interesó a los matemáticos desde la antigüedad es la de los números primos: se estudiaron en todos los países del mundo desde los primeros tiempos. Veamos en qué consisten.

Consideremos de nuevo los números naturales: 0, 1, 2, 3,... 99, 100, 101, 102... y así sucesivamente. Ahora, tomemos como ejemplo el 9 que se puede dividir por 1, por 3 y por 9: tiene 3 divisores. Ahora veamos el 12, divisible por 1, por 2, por 3, por 4, por 6 y por 12: tiene 6 divisores.

Si hablamos del 0, tiene como divisores todos los números conocidos excepto él mismo (0÷0 no tiene sentido; 0÷1=0; 0÷2=0; 0÷3=0; etcétera).

Los números primos tienen una característica muy especial: tienen exactamente dos divisores. Por ejemplo, el 7 es un número primo; de hecho, sólo se puede dividir por 1 y por 7. Otro ejemplo al azar es 23, que tiene dos divisores: 1 y 23.

Por lo tanto, 0 no es número primo porque tiene demasiados divisores; 1 no es un número primo porque sólo tiene un divisor:1; 2 es un número primo porque tiene exactamente dos divisores, es decir, 1 y 2; 3 es un número primo porque tiene dos divisores; 4 no es un número primo porque tiene tres divisores.

Euclides

¡Un momento! Acá debes saber que el 2 es el único número primo y par. Esto se supo desde la antigüedad, cuando los matemáticos estudiaron los números primos; pero los más avanzados y brillantes fueron los griegos, por ejemplo Euclides (quien vivió entre los siglos IV y III a. C.).

Mucha gente se pregunta para qué sirven los números primos, veamos. Si tenemos el número 235 672, es fácil darse cuenta de que no es primo, porque es par, por lo que ya tiene como mínimo tres divisores: el 1, el 2 y él mismo. Pero si nos enfrentamos a 13 567 839 941, no es fácil reconocer de un vistazo si es número primo o no. Así que se han inventado "trucos" matemáticos bastante complicados para intentar averiguar rápidamente si un número es primo o no. Siempre se buscan números primos complicados para los códigos bancarios, de forma tal que el dinero del cliente esté siempre protegido.

Puede parecer increíble, pero nadie ha conseguido inventar todavía una fórmula matemática para encontrar todos los números primos o reconocerlos sobre la marcha. Sabemos desde hace más de 2000 años que son infinitos, el propio Euclides lo demostró, pero no existe ninguna regla para reconocerlos a simple vista ni para saber cómo se distribuyen entre los números naturales.

0 1 2 3 4 5 6 7 8 9 10 11 12 13 14 15 16 17 18 19
20 21 22 23 24 25 26 27 28 29 30 31 32 33 ...

En las distintas civilizaciones, algunos matemáticos han amado y otros han odiado los números primos. Y lo mismo ocurre con otras categorías de números. Por ejemplo, los griegos sólo consideraban "número" a partir del 2 porque, según ellos, los números deben indicar multiplicidad y ni el 0 ni el 1 lo hacen. Se divertían representando los números con bolitas dentro de rectángulos. Por ejemplo, si querían representar el 6, hacían 2 filas de 3 bolitas. Cuando luego conseguían hacer cuadrados, por ejemplo, con el 9, que hacían con 3 filas de 3 bolitas cada una, se alegraban y hasta consideraban estos números como mágicos y portadores de fortuna.

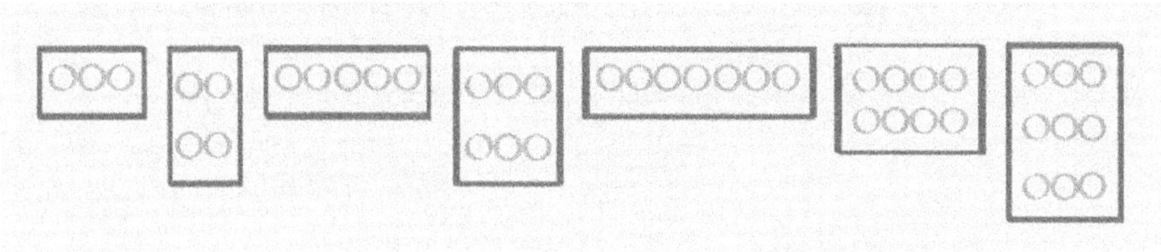

Las bolitas que representan números primos sólo se pueden disponer en una fila.

En contraste, los mismos antiguos griegos sentían una especie de antipatía hacia los números primos, ya que estos números no querían estar metidos en un rectángulo, sólo en filas unitarias, como si estuvieran fuera de control.

Si te preguntas cuál es el número primo más grande del mundo, la respuesta es fácil: no existe. Sabemos que los números primos son infinitos y que no existe ningún número primo mayor que todos.

Las operaciones

Junto con los números, por supuesto, nacieron las operaciones. La adición y la sustracción nacieron enseguida. Y son fáciles de realizar. Pero efectuar las demás operaciones no siempre lo fue. Depende mucho del sistema que se utilice.

Por ejemplo, la adición en el sistema árabe es fácil:

$$13+9 \quad \text{ó} \quad \begin{array}{r} 13 \\ +9 \\ \hline \end{array}$$

Bastante sencillo.

Pero ahora pongámonos en la piel de un antiguo romano:

13+9 se escribe XIII+IX

Y si lo ponemos en columna... ¡Socorro! No sabemos ni cómo empezar...

En un sistema como el romano, que no es posicional y no tiene cero, la única forma de hacer matemática es utilizar sistemas empíricos, es decir, prácticos. Para calcular, utilizaban guijarros, que en latín se llaman "calculi".

Así, los romanos utilizaban estos guijarros que ponían dentro del ábaco, un instrumento de madera o mármol con muchas líneas que les ayudaba a mantener los guijarros en orden.

Con ese sistema hacían adiciones, sustracciones y, sólo los mejores, llamados "abaquistas", realizaban multiplicaciones y divisiones.

Como era tan complicado, al final les resultaba más rápido memorizar decenas y decenas de tablas de sumar, restar, multiplicar y dividir, que calcular XIX veces IV dividido por XIV. Muy ágiles, pero... ¡Se hubieran ahorrado mucho tiempo si hubieran tenido las calculadoras de hoy!

Si nos preguntamos cuántas operaciones hay en la matemática, la respuesta inmediata serán las cuatro tradicionales: adición, sustracción, multiplicación y división, pero en realidad hay muchas más y continuamente se inventan otras. De hecho, vamos a inventar una ahora.

Ya sabemos que: 50+30 = 80. Pues bien, utilicemos una estrellita para indicar la siguiente operación:

$$50 \star 30 = 5030$$
$$12 \star 7 = 127$$
$$23 \star 0 = 230$$
$$\ldots$$

¿Ves cómo funciona? Bonito, ¿verdad? La podemos llamar operación "peganúmeros".

Veamos si sigue las propiedades habituales de las operaciones estudiadas en la escuela. Consideremos la propiedad conmutativa de la adición: invertir los sumandos no cambia el resultado.

Y, efectivamente, 50 + 30 es lo mismo que 30 + 50.

Pero en 50★30 no se obtiene el mismo

resultado que en 30★50:

50★30 = 5030

30★50 = 3050.

Por tanto, nuestra simpática operación "peganúmeros" no es conmutativa. Nada mal, la sustracción tampoco es conmutativa, pero se utiliza en la escuela y es muy útil.

Es fácil inventar otras operaciones. De hecho, sería una buena tarea para dar en el colegio: cada semana inventar una nueva operación y ponerle nombre. Quién sabe, quizá tarde o temprano salga alguna útil.

En aritmética, precisamente en el campo de inventar operaciones, ha habido niños prodigio en la historia, como el alemán Carl Ferdinand Gauss (1777 - 1855).

Carl fue un matemático muy célebre y precoz; a los diecinueve años ya había demostrado un teorema importante para la matemática: una ecuación de grado *n* siempre tiene *n* raíces o soluciones. Bueno, eso es un poco difícil ... Pero veamos en cambio lo que descubrió a los 8 años. ¡8 años!

Carl, en ese entonces, asistía a la escuela primaria. El profesor estaba un poco enfadado porque la clase estaba en desorden. Para que los estudiantes estuvieran tranquilos durante una hora, les dio una tarea muy larga: sumar todos los números del 1 al 100, así:

1 + 2 + 3 + 4...

Parece una tarea fácil, pero si intentas hacerla incluso con calculadora, lo más probable es que tarde o temprano pierdas la cuenta. El profesor entregó la tarea y se sentó; "Por fin un rato de descanso", pensó. Pero no contaba con que el pequeño Gauss resolvería esta actividad con ingenio. ¿Qué hizo Carl?

Al cabo de dos minutos, entregó la tarea terminada. El profesor, sorprendido, se preguntó cómo era posible. Los demás estudiantes apenas habían sumado los primeros 10 números, pero Carl había calculado de una forma distinta a todos los demás. Había iniciado sumando los números extremos, el primero y el último: 1 + 100, cuyo resultado es 101. Luego continuó con los siguientes números, adicionando 2+99, 3+98, 4+97 y así sucesivamente. El resultado siempre es 101. Se dio cuenta de que había 50 pares de 101, así que Carl simplemente multiplicó 101x50. Y ¡hecho! Su resultado fue 5050, en una sola operación. ¡El profesor estaba asombrado!

$$\begin{array}{ccccc} 1 & + & 100 & = & 101 \\ 2 & + & 99 & = & 101 \\ 3 & + & 98 & = & 101 \\ 4 & + & 97 & = & 101 \\ & & \cdots\cdots & & \\ 50 & + & 51 & = & 101 \end{array}$$

Es decir: 50 veces 101, por tanto: 101×50.

En matemática aprendes que siempre hay que mirar las cosas con ojo crítico y buscar un punto de vista diferente. Es la manera de estimular nuestra imaginación y encontrar siempre nuevas soluciones.

Historia de las operaciones

A menudo nos preguntan si nació primero la adición o la sustracción. No podemos responder con seguridad, aunque la adición es quizá la operación más espontánea, la que más útil resultaba para las necesidades primitivas.

La principal necesidad del primitivo era dar de comer a su familia. Si un pescador tenía 5 hijos y otros 3 miembros de la familia que alimentar, además de a sí mismo, ¿cómo sabía cuántos peces debía pescar para alimentarlos a todos? Sumaba el número de peces que tenía hasta alcanzar el número igual a sus hijos (5), más los miembros de su familia (3), más él mismo (1). Entonces sabía que todos cenarían.

La sustracción fue una consecuencia directa, ya que es la operación inversa, y vino poco después. La necesidad era siempre la misma: gracias a la sustracción podía saber cuántos peces faltaban para alimentar a toda la familia. Si, por ejemplo, había pescado 4 presas, aún le faltaban 5.

Las operaciones de multiplicación y división se inventaron mucho más tarde. O, mejor dicho, como idea nacieron pronto, pero encontrar algoritmos, es decir técnicas de cálculo, llevó sin duda mucho más tiempo.

La idea de la división es sencilla: si un niño de 4 años tiene 6 caramelos y quiere dárselos a 2 amigos, sabe exactamente cuántos caramelos tiene que darle a cada uno. La división se hace rápidamente, incluso sin algoritmos: 6÷2=3. Lo difícil es calcular cuánto da 189 254 dividido entre 207. En este caso es necesario hacer un cálculo escrito.

Interesante y curiosa es la historia de los signos de las operaciones, que son más recientes que los números. Se dice que en los puertos se colocaba una cruz sobre las cajas de mercancías a medida que se contaban, para no contar dos veces la misma caja. Dado que los actuales signos de operación se inventaron en Francia hace unos siglos, muchos piensan que ese fue el origen.

Antes de que se inventaran signos especiales, se utilizaban palabras. Los matemáticos de la Edad Media escribían "plus" en latín para significar "más", "aequatur" para significar "igual". No había símbolos para las operaciones, ni incógnitas, como *x* o *y*, ni el signo igual. Escribir una expresión numérica muy sencilla requería líneas y líneas de texto, así como una memoria extraordinaria.

Fueron los matemáticos italianos del Renacimiento los primeros en idear la reducción de palabras:

5 plus 3 se convirtió en una P con dos puntos al lado:

5 P: 3

aequatur se convirtió simplemente en AEQ:

5P:3AEQ8

significa, en el lenguaje aritmético actual, 5+3=8.

Y así sucesivamente.

En el Renacimiento, es decir, entre los siglos XIV y XVII, hubo matemáticos extraordinarios. Si escribir la matemática de hoy parece complicado, habría que ver cómo era antes. Realmente difícil.

Los algoritmos para realizar operaciones, es decir las técnicas, surgieron por conveniencia. Primero fueron la adición y la sustracción. Un día se inventó un "atajo". En vez de escribir 5+5+5 lo expresamos como 5x3. El resultado es el mismo, pero el procedimiento es más corto. Lo mismo ocurre con la división, que es lo contrario de la multiplicación. Es conveniente, pero la sustracción era más que suficiente para dividir. Para hacer 24÷6 es suficiente calcular 24-6 y luego seguir sustrayendo 6 hasta llegar a 0, y luego contar cuántas veces lo has hecho: 24-6-6-6-6=0: el 6 aparece 4 veces, así que 24÷6 da 4.

Otro ejemplo: elevar un número a un determinado exponente, es un atajo para la multiplicación; así, 5 elevado a la segunda (es decir, 5^2) equivale a decir 5x5.

Los algoritmos nos ayudan a hacer matemática cada vez más rápido y con menos errores.

Sistemas no posicionales

En la antigüedad, los sistemas numéricos no eran siempre posicionales, como el nuestro actual.

Por ejemplo, si escribimos 242, las dos cifras 2 tienen valores distintos. El primero de la derecha indica 2 unidades (es decir, 2), el otro indica 2 centenas (o sea, 200). Por lo tanto, el valor de una cifra depende de su posición:

en el número 242 hay 2 centenas, 24 decenas, 242 unidades.

En los números romanos esto no es así. Por ejemplo, la letra C siempre representa cien y la L siempre equivale a cincuenta. Ahora bien, este hecho, que parece tan trivial, no lo es en absoluto. Hacer las operaciones, incluso las básicas, con los números escritos en el sistema romano es tremendamente difícil, como lo hemos dicho varias veces. Por eso los romanos preferían aprender y memorizar tablas elaboradas. Nosotros sólo aprendemos los resultados de la multiplicación del 1 al 10 y sólo los 10 primeros resultados. Y si somos listos eso es suficiente.

Por su parte, entre los sumerios y los egipcios, también había tablas de multiplicar, de sumar, restar y dividir. Con escrituras muy complicadas.

Máquinas para calcular

Los matemáticos de la antigüedad disponían de verdaderas máquinas para realizar cálculos, como los ábacos griegos, romanos, japoneses y chinos.

Ábaco japonés.

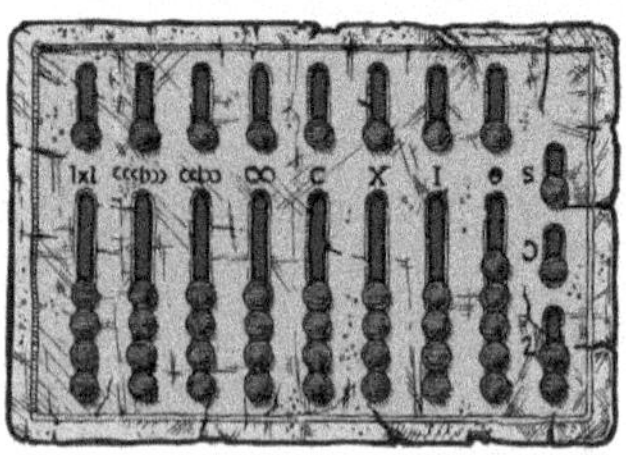

Ábaco romano.

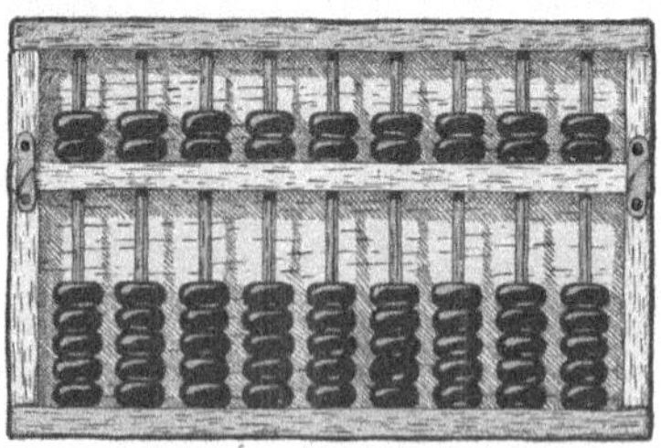

Ábaco chino.

Los antiguos chinos también inventaron algo parecido, utilizando palitos de madera que distribuían en un orden determinado. Por eso en China se decía «ordenar los palos» y no «calcular» (como decimos en italiano, francés y español, que viene de "calculus" que significa guijarro, como ya sabes).

Números chinos para cálculos y para el ábaco.

Para llegar a las máquinas modernas para hacer cálculos, que son un invento muy útil e inteligente, ha habido una gran evolución; hasta hace unas décadas, estas máquinas seguían siendo de manivela. Si querías multiplicar un número por diez tenías que teclear ese número y luego dar diez vueltas a la manivela.

La primera calculadora del mundo se llamó "pascalina" porque la inventó un joven de 14 años destinado a convertirse en un formidable matemático, Blaise Pascal (1623 - 1662). La figura muestra una versión de esta calculadora.

La pascalina, la primera calculadora mecánica de la historia.

A propósito de calculadora, una comunidad quechua utiliza hoy en día la base diez para contar y su aritmética es prácticamente la misma que la nuestra: 1 se dice huk, 2 se dice iskay, 10 se dice chunka, 10 000 se dice hunu.

Moviendo las manos y el cuerpo, siguiendo ciertas reglas, algunos sabios del grupo ejecutaban acciones como si fueran máquinas calculadoras.

Pero a estas alturas, todos los niños van a la escuela y por eso aprenden a hacer operaciones como todos los demás niños del mundo.

Fracciones

La fracción es una operación muy antigua con la que intentamos resolver un bonito problema matemático.

Mientras tengamos que dividir 8 entre 2 ó 6 entre 3, todo es fácil. El resultado es un bonito número natural y con residuo 0, que no nos da ningún problema. Pero también podemos necesitar dividir 7 entre 2 o entre 3.

Al principio se utilizaban los llamados números "quebrados":

7 dividido entre 2 nos da como resultado 3 y con 1 como "roto"; es decir $7 \div 2 = 3$ r. 1

$11 \div 3$ da 3 con roto 2.

Entonces alguien dijo: ¿y si en lugar de usar este sistema simplemente enunciamos (sin hacerla) la operación tal cual? Y así 7 dividido entre 2 se escribió $\frac{7}{2}$, con una especie de "trazo" entre el dividendo (numerador) y el divisor (denominador). A esta escritura se le llama fracción. Así, 11 dividido entre 3 se escribe: $\frac{11}{3}$.

Los egipcios dedicaron mucho esfuerzo al estudio de las fracciones, en las cuales fueron maestros insuperables hasta la Edad Media. Existen muchas escrituras jeroglíficas diferentes, pero aquí proponemos la más conocida.

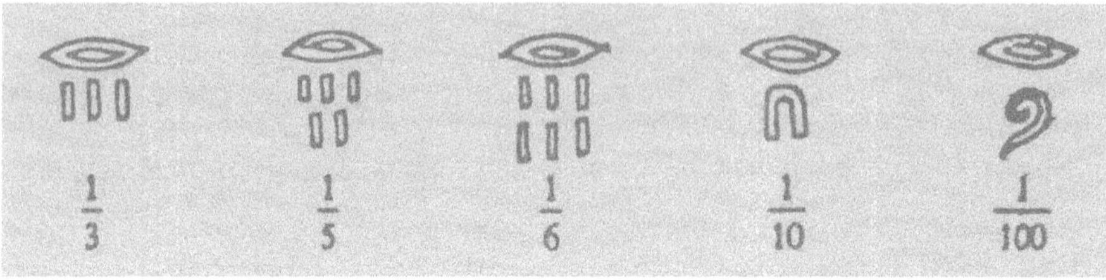

El signo superior que aparece en todas estas escrituras es el signo jeroglífico "boca", que se lee "èr" y significa "parte"; sirve así de numerador unitario del tipo $\frac{1}{...}$. El número que aparece debajo de la boca es el denominador.

Hasta el siglo XVI no hubo alternativa, los cálculos se debían hacer de esta manera. El resultado de 7 dividido por 2 es 3 con el resto de 1. 1 es el quebrado que significa 1 dividido por ese 2 que aparece en el denominador:

$\frac{7}{2}$ es como decir $3 + \frac{1}{2}$

Y entonces, durante el siglo XVI, el matemático belga Simon Stevin (1548 - 1620) inventó un método para simplificar las cosas: la coma. ¡Al inventar la coma, hizo la vida más fácil a todo el mundo!

A Stevin se le ocurrió separar la parte entera del número de la parte "quebrada". En el caso de $3 + \frac{1}{2}$, 3 es la parte entera y queda la parte quebrada (1 dividido en 2). $3 + \frac{1}{2}$ se convierte en: 3,5. De esta forma se puede trabajar con números de una manera más fácil.

La coma fue un invento genial. Casi todos los números que utilizamos normalmente la llevan, aunque nos olvidemos de decirla. Si tienes 2 euros y 50 centésimos en el bolsillo, significa que tienes 2,5 euros.

En todos los sistemas posicionales la coma es fundamental. También se aplica a las medidas. ¿Cuánto mides? 1,2 o 1,3 o 1,5 metros. Y así sucesivamente. Sencillo y muy útil.

Basta con mover la coma uno, dos, tres espacios y se divide o se multiplica por diez, por cien, por mil:

$$1{,}7 \times 10 = 17$$

$$1{,}7 \times 100 = 170$$

$$1{,}7 \times 1000 = 1700$$

...

$$190 : 10 = 19$$

$$190 : 100 = 1{,}9$$

$$190 : 1000 = 0{,}19$$

...

Nombres de los números

Una pregunta que mucha gente nos hace a menudo es: ¿de dónde vienen los nombres de los números? Por ejemplo, ¿por qué el cuatro se llama así?

En las civilizaciones antiguas, ningún nombre se daba al azar; pero el significado original de los nombres de nuestros números actuales se ha perdido a lo largo de los milenios; se han creado varias historias, pero ninguna es la definitiva, ¡tú puedes inventarte una!

En civilizaciones más recientes, sin embargo, existe una relación directa entre palabra y significado, también en relación con los números. Existe un pueblo amazónico orgulloso y valiente llamado Shuar (es decir: defensores de la naturaleza). Algunos shuar cultos nos han contado personalmente que ahora utilizan como cifras las actuales indio-árabes, es decir las mismas que las nuestras; pero que tuvieron que dar nuevos nombres a los numerales más allá del 5, porque no existían en el idioma shuar original.

He aquí algunos nombres de números en lengua shuar de los Andes del centro de Ecuador:

1: chikchik	**6:** ujuk (cola de mono)	**10:** nawe (pie)
2: jimiar	**7:** tsenken (gancho para recoger fruta)	**100:** washim (trampa para peces)
3: menaint	**8:** yarush (hormiga reina)	**1000:** nupanti (mucho)
4: aintiuk	**9:** usumtai (dedo índice de la mano derecha)	**1 000 000:** amuchat (casi imposible de contar).
5: ewej		

Pero los maestros antiguos de los símbolos numéricos fueron los egipcios, esas civilizaciones que se establecieron a orillas del río Nilo hace milenios. Los primeros números egipcios se refieren a una batalla victoriosa dirigida por el faraón Namur (o Narmer): la cantidad de ovejas del botín, de bueyes o de enemigos cautivos. Para alabar a su amo y señor, los grabadores esculpieron en piedra un número muy elevado (y sin duda exagerado) de cabras: un millón cuatrocientos veintidós mil (1 422 000). De esta situación destacan dos elementos, el primero es que en una época muy antigua utilizaran un número tan grande. El segundo es la forma en que se escribe un millón: un ser humano extendiendo los brazos como si se dijera "mucho". Un millón en egipcio se escribía con un hombre de rodillas haciendo ese gesto. Una forma cómica de escribir un número, quizá no tan cómoda, pero sin duda intuitiva de entender.

Testimonio de estas inscripciones es el Martillo del faraón Narmer, que cuantifica un botín de guerra, talvez de una larga guerra que se libró, en torno al 3120 a. C., para conquistar las tierras del delta del Nilo, unificando el Bajo y el Alto Egipto, anteriormente divididos. Parece que el propio Narmer fue el fundador de la ciudad de Menfis, destinada a ser la capital del nuevo reino.

El Martillo de Narmer es uno de los objetos de investigación más antiguos que se conocen, con referencia tanto a la matemática, como a la escritura egipcia; en él se evidencia que el faraón conquistó 400 000 reses, 1 422 000 cabras y tomó 120 000 prisioneros. Quizá las cifras se aumentaron arbitrariamente para dar mayor realce a la victoria del gobernante: más botín, mayor honor... La historia cuenta con varios de estos casos.

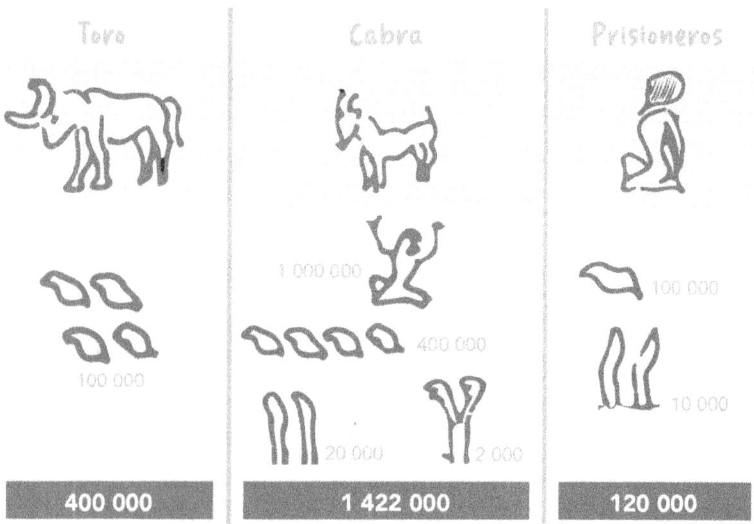

Bienes y su cuantificación.

Cuadrados mágicos

En la historia de la matemática hay antiguos usos de los números que limitan con la diversión, llegando a convertirse en juegos numéricos. Ese es el caso de los cuadrados mágicos. Se trata de un cuadrado principal dividido en varios más pequeños, en cuyo interior se colocan números consecutivos a partir de 1 que, según los antiguos, permiten hacer magia.

He aquí dos ejemplos: un cuadrado mágico 3×3 (3 horizontales y 3 verticales, 9 números en total) y un cuadrado 4×4 (16 números en total, de 1 hasta 16).

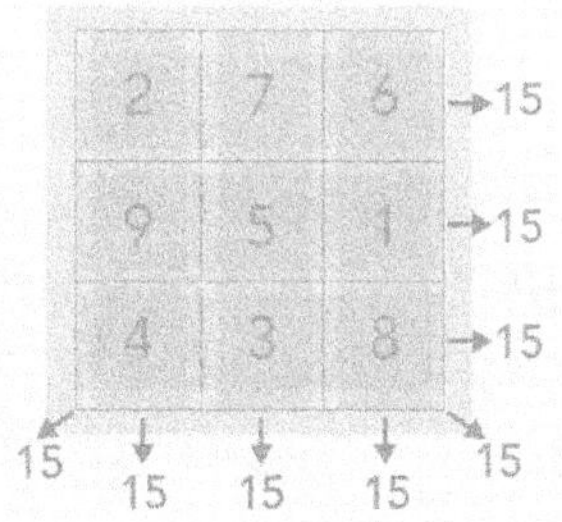

Cuadrado mágico de orden 3.

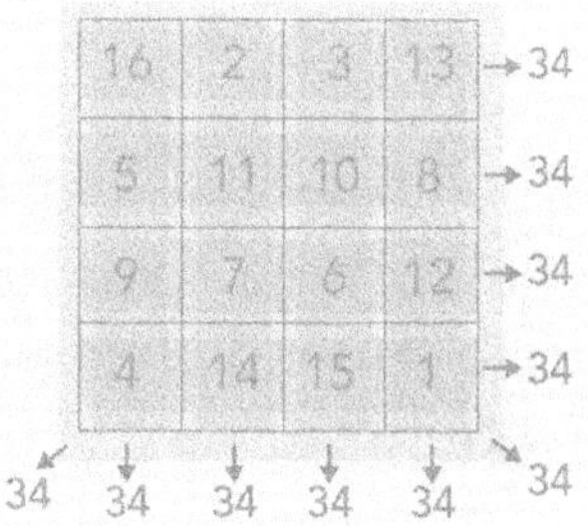

Cuadrado mágico de orden 4.

¿Cuál es la magia? Descúbrelo tú mismo: suma todos los números que aparecen en las tres horizontales, luego todos los números de las tres verticales y después todos los números de las dos diagonales. ¿Qué encontraste? Siempre da el mismo resultado. ¡Una maravilla numérica!

Los chinos, hace 4000 años, siempre llevaban consigo un cuadrado mágico (Lo Shu) y lo utilizaban como un poderoso amuleto contra todos los hechizos.

En el *Da Zhuan*, un tratado del milenio III a. C., que abarca una inmensa variedad de temas, aparece el siguiente dibujo en el cual, como es fácil comprender, los puntos amarillos y azules representan números.

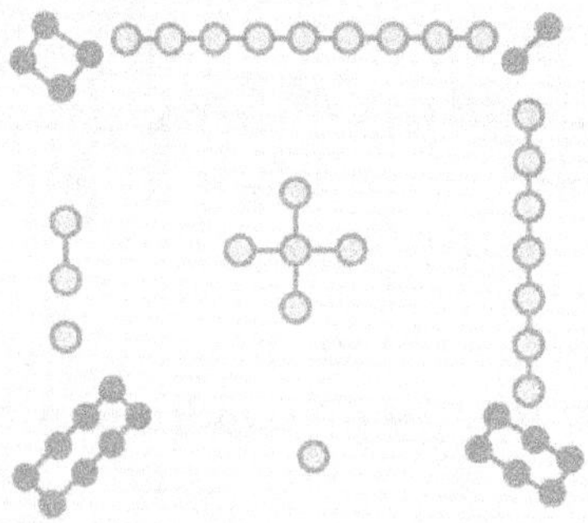

4	9	2
3	5	7
8	1	6

Representación del cuadrado mágico de orden tres, extraído del texto Da Zhuan.

Según la leyenda, esta configuración apareció en el lomo de una tortuga sagrada, junto al río Lo, afluente del río Amarillo (Huang He); el emperador Yu lo copió e hizo famoso este dibujo.

Hasta nuestros días también ha llegado un cuadrado mágico creado por el pintor e intelectual alemán Alberto Durero (1471 - 1528), quien insertó en un grabado un cuadrado que es ultra-misterioso, dado que la misma suma de los números de todas las filas y columnas viene dada también por los cuatro números de las esquinas.

¡Es realmente extraordinario! Seguro que te animas a crear un cuadrado mágico!

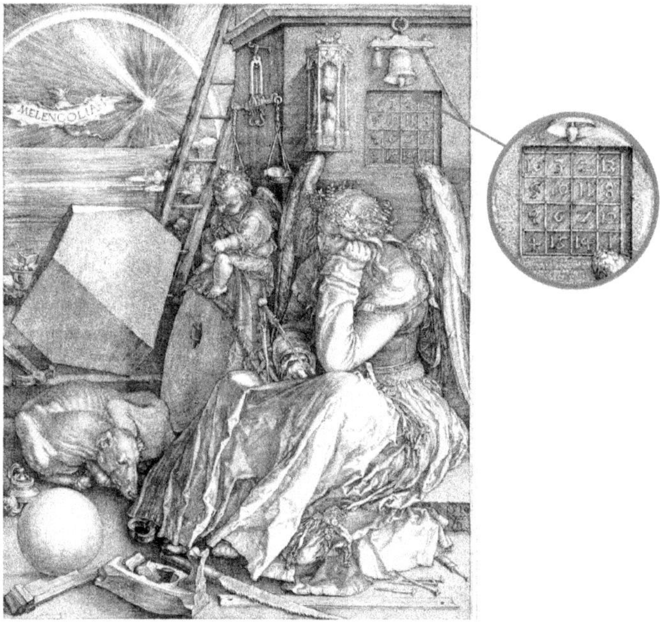

Alberto Durero, Melancolía I. Grabado creado entre 1513 y 1514. El cuadrado "diabólico" de Durero aparece arriba a la derecha, debajo de la campana.

La medida del tiempo

Veamos ahora cómo se mide el transcurrir del tiempo. ¿Por qué se divide una hora en 60 minutos? ¿No sería más cómodo dividirla en 10? Sería más fácil.

Es bastante difícil hacer cuentas cuando se trata del tiempo. Utilizamos medidas que parecen extravagantes. Hemos tenido que acostumbrarnos a calcular el tiempo con los siguientes números: sesenta, doce, treinta, siete, veinticuatro. ¡Todo gracias al ingenio de los sumerios!

Observando las sombras de los palos clavados en el desierto, los sumerios habían calculado que hay 365 días en un año; pero ya tenían la base 60, por lo que las cosas no cuadraban: 365 no es divisible por 60. Decidieron entonces que 360 días (que sí es múltiplo de 60) eran realmente los días del año, y que esos 5 días "de más", debían dedicarse por completo a los Dioses. No formaban parte del año.

360 se divide fácilmente por 60, por 180 y por 90, pero es muy incómodo de utilizar cuando todo lo demás está en base 10.

En todo el mundo se utiliza una aritmética básica algo complicada para el tiempo, pero así es ahora y hay que aprenderla. Nadie dice 2,5 horas para decir 2 horas y 30 minutos... ¡Y sin embargo sería correcto!

La matemática y los animales

Los humanos empezamos a utilizar los números hace muchos años, algunos dicen que hace 100 000 años; así que es evidente que se trata de un aprendizaje que no requiere tanta cultura, parece algo natural.

Pero, entonces, ¿saben contar los animales?

La respuesta es positiva: ¡claro que saben contar! De hecho, algunos de ellos saben matemática, o más bien aritmética, bastante bien. Se dice incluso, que la aritmética es inherente al cerebro de cada uno de nosotros, los seres vivos.

Tomemos algunos ejemplos. Iniciemos con la gallina, un animal a menudo considerado como poco inteligente. Pues bien, la gallina es capaz de reconocer cantidades mayores o menores; es decir, tiene una idea de las magnitudes. Sabe muy bien identificar un montón de maíz más grande que otro. Es el instinto lo que la lleva a saber dónde hay más comida en grano, no el conocimiento. Se trata de un instinto matemático.

Otro animal, el cuervo común, tiene insospechadas habilidades aritméticas. Puede contar hasta 4, lo que ya es increíble, pero además es capaz de descomponer 4: es decir, sabe que 2 más 2 son 4, y que 3 más 1 son 4 y que 4 más 0 son 4.

Pero hay dos animales que se consideran los mejores en matemática, aunque son muy diferentes. Uno es el delfín, que tiene la capacidad extraordinaria de distinguir los números ordinales de los cardinales. Así, si dejamos en la superficie del mar tres balones en fila, el delfín sería capaz de entender que son tres (número cardinal) y también de reconocer el primero, el segundo o el tercero (números ordinales).

El otro es la abeja. Ellas son maestras absolutas de la geometría. Sus colmenas están formadas por celdas hexagonales perfectas. Además de ser un bello espectáculo de la naturaleza, el hexágono es la mejor forma para contener la mayor cantidad de miel.

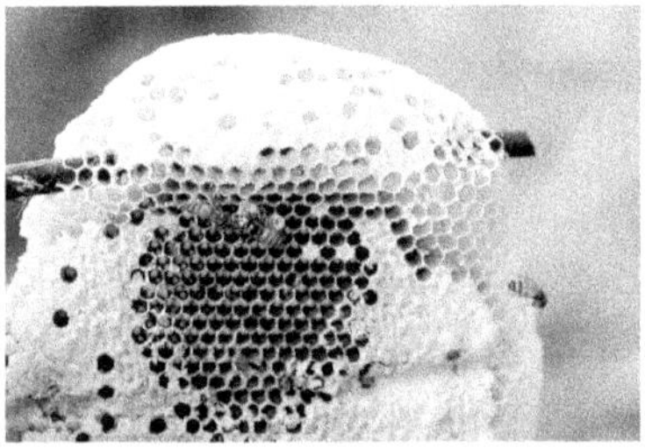

Pero hay algo aún más extraordinario en su comportamiento. Las abejas se comunican mediante un sistema geométrico de referencia polar. Expliquémoslo. Las abejas exploradoras salen de la colmena en busca de polen y néctar. Luego, las abejas recolectoras recogen lo encontrado. Cuando las exploradoras regresan de su búsqueda, deben indicar a las recolectoras dónde deben ir a recolectar el polen y el néctar. Un hecho natural inexplicable al principio, hasta que un día el científico austriaco Karl von Frisch (1886 - 1982) se fijó en este comportamiento para entender cómo funcionaba.

Y así descubrió que las abejas exploradoras comunican dos coordenadas matemáticas a las recolectoras mediante bailes. Toman la colmena como punto de partida y, mientras "bailan", comunican dos números a sus colegas; uno es la distancia de la colmena, el otro, la medida del ángulo (azimut) respecto a un punto predefinido, que suele ser el Sol.

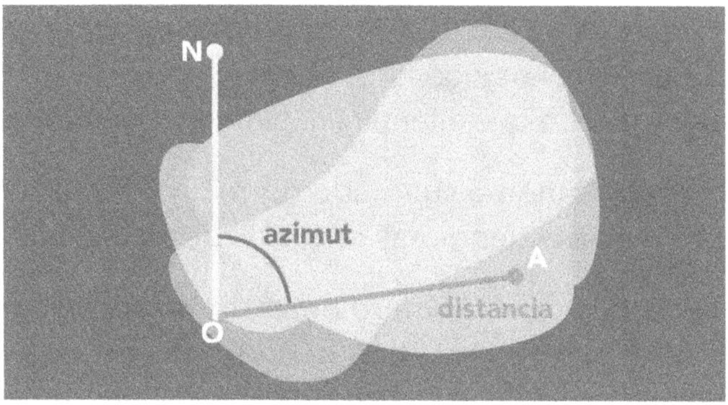

Sistema de referencia polar.

A las abejas todo esto les vale el premio del animal más matemático del mundo; mientras que a von Frisch se le concedió el Premio Nobel en 1973. Todo esto nos dice claramente que la matemática es innata en todos los seres vivos, no solo en los humanos.

Nuestros conocimientos son muy superiores a los de cualquier animal, incluso a los de un simio, que es lo más parecido a nosotros. Los chimpancés pueden aprender mucha matemática, y de forma sutil.

Probabilidad

Algunas personas que dicen tener fórmulas matemáticas para ganar en los juegos de dados, en la ruleta o en los sorteos de lotería. Pero la mayoría son unos ingenuos. Es mejor aprender probabilidad para no ser engañado que intentar (inútilmente) ganar.

Por ejemplo, tomemos un dado normal y tirémoslo sobre la mesa. ¿Qué número tiene más probabilidad de salir?

Puede salir cualquier número entre 1 y 6. Supongamos que salga el 4. Ahora volvamos a tirar el dado: ¿qué número es más probable que salga? La respuesta de mucha gente es que, en este segundo lanzamiento, es improbable que vuelva a salir el 4, porque ya ha salido. Pero esto es un disparate: es como imaginar que el dado tiene algún tipo de memoria. ¡El dado no recuerda en absoluto el número que salió la última vez!

Cada vez que se lanza un dado, el resultado de los lanzamientos anteriores se anula por completo. Entonces, la respuesta correcta a la segunda pregunta es igual que a la primera: cualquier número entre 1 y 6 puede salir. Es decir, el 4 tiene la misma probabilidad de salir que el 1, el 2, el 3, el 5 y el 6.

El juego del loto o lotería también engaña de otra manera: un número que no ha salido en una determinada rueda durante muchas semanas, hay quien lo llama "número tardío"; pero este número tiene la misma probabilidad de salir que uno que ha salido durante tres sorteos seguidos. Sin embargo, por razones que nada tienen que ver con la matemática, muchos están convencidos de que no es "lógico" jugarlo.

Pero hay casos en los cuales la probabilidad (correcta) puede ayudar. Si, por ejemplo, tiramos dos dados en lugar de uno, sabemos con certeza que apostar a que salga 2 o 12 es más arriesgado que apostar a que salga 7 u 8.

La razón es sencilla: tanto 2 como 12, los valores extremos, solo tienen una combinación posible que generarlos:

2 solo puede obtenerse por la salida de dos 1

12 solo se obtiene a partir de dos 6.

Cualquier otro número entre 3 y 11 tiene más combinaciones posibles. Por ejemplo, el 7 viene dado por 3 y 4, 2 y 5, 1 y 6, y viceversa por 4 y 3, 5 y 2, 6 y 1; por tanto, el 7 puede ser generado por 6 combinaciones.

Así pues, es mucho más probable que salga 7 que 2. ¡Pero no es en absoluto seguro! En cualquier caso, todo está relacionado con el azar.

Con los niños pequeños jugamos a veces una ronda: coloreamos cuatro caras de un dado de color rojo y dos de color verde. Cuando lanzas ese dado, ¿es más probable que salga rojo o verde? Todos los niños pueden responder siempre correctamente a esta pregunta intuitiva.

Los humanos utilizamos a menudo la probabilidad para jugar; pero, ¿cuándo se originó este interés? Los arqueólogos han encontrado dados antiguos aunque no tan perfectos. Los egipcios, los romanos y los griegos jugaban a los dados, por lo tanto, apostaban y tenían ideas sobre la probabilidad; quizá no muy correctas, pero la discutían.

Incluso el escritor italiano Dante Alighieri (1265 - 1321) en su gran obra *La divina comedia*, habla de un juego de dados de su época, la zara, en el cual se utilizaban tres dados en lugar de dos.

Dante Alighieri

Pero una verdadera matemática de la probabilidad es bastante reciente, remontándose tan sólo al siglo XVI. Uno de los primeros estudiosos de este campo fue Gerolamo Cardano (1501 - 1576). Pero luego llegaron los verdaderos estudios científicos, gracias a los franceses Pierre de Fermat (1607 -1665) y Blaise Pascal (1623 - 1662).

La probabilidad también tiene aplicaciones en la vida cotidiana actual. Por ejemplo, las previsiones meteorológicas se basan en modelos matemáticos y en la probabilidad. Se sabe que, en el pasado, determinadas condiciones meteorológicas han traído la lluvia a ciertas zonas geográficas y, por tanto, cuando esas condiciones se repiten, uno "apuesta" a que lloverá al día siguiente.

En realidad, el asunto es un poco más difícil que eso, pero no muy diferente: en cualquier tipo de previsión, aunque sea científica, el azar juega un papel determinante.

La matemática y la naturaleza

La matemática está muy cerca de la naturaleza y de la vida cotidiana, aunque puede parecer que no es así, pero en realidad está dentro de todas las cosas que nos rodean. Por ejemplo, en algo tan sencillo como cruzar la calle, podemos seguir el camino más corto y así aplicar un sencillo concepto matemático: la perpendicular.

La matemática también está en la naturaleza; como ya hemos visto, muchos animales la conocen implícitamente, pero todo el cosmos sigue sus reglas. Hace muchos años, un matemático italiano, Leonardo Fibonacci (1170 – 242 aprox.), descubrió que incluso las hojas, las ramas de los árboles, algunas hortalizas (coliflor y brócoli) las flores como el girasol y hasta las conchas de los moluscos siguen una sencilla regla aritmética para ordenarse y crecer de forma natural.

Él dio un ejemplo (hipotético) con una pareja (hipotética) de conejos.

Supongamos que estamos en enero y que tenemos una pareja de conejos, macho y hembra, que acaban de nacer. En febrero la pareja es demasiado joven y no procrea, entonces sigue siendo una sola pareja. Cada mes, a partir de marzo, la pareja de conejos procrea otra pareja, supongamos que siempre estos hijos son macho y hembra. La pareja recién nacida en el primer mes no procrea otra pareja, pero a partir del segundo mes sí, y siempre nacen macho y hembra.

Así es que:

- en enero tenemos una única pareja joven recién nacida;
- en febrero sigue habiendo una sola pareja;
- en marzo la primera pareja procrea otra pareja y así en marzo tenemos 2 parejas;
- en abril la pareja antigua sigue procreando y la nueva pareja aún no lo hace, por lo que en abril tenemos 3 parejas;
- en mayo la antigua pareja procrea, la segunda también procrea, la tercera aún no; y así en abril tenemos 5 parejas.

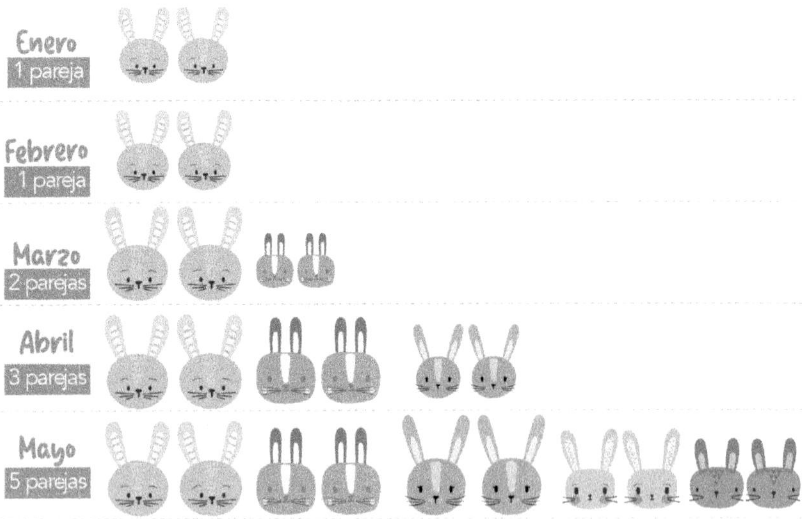

Estos son los números de pareja por cada mes:
1 en enero, 1 en febrero, 2 en marzo, 3 en abril, 5 en mayo.

¿Qué ocurre en junio? Si has seguido la lista, te habrás dado cuenta de que, tras los iniciales 1 y el 1, todos los demás números son la suma de los dos anteriores:

1 1 2 3 5 8 13 21 34 55 89 ...

Esta sucesión de los conejos no tiene una regularidad científica verdadera y concreta; sólo sirve para comprender un fenómeno ideal. Por ejemplo, en la realidad, no siempre nacen dos conejos uno macho y una hembra, ni los conejos procrean siempre cada mes; es sólo una hipótesis matemática, no real.

Y, sin embargo, después de esta propuesta de Fibonacci, observando todos los acontecimientos naturales, nos dimos cuenta de que esta simpática secuencia de números es realmente seguida por la naturaleza.

El crecimiento en la naturaleza sigue la secuencia de Fibonacci.

La matemática y la música

Una de las más antiguas, agradables y curiosas formas de aplicar la matemática es la música.

El tiempo, el ritmo, la duración y la intensidad de las notas, todas estas son aplicaciones matemáticas. Es imposible leer música o tocar la batería si no se conocen los números. Los grandes matemáticos del pasado eran muy buenos en esto. ¿Recuerdas a Pitágoras? Hablamos de él en geometría, pero, además fue músico; a raíz de ello fue el primero en plantear una notación de escritura musical, gracias a sus saberes matemáticos. La yuxtaposición de notas, como puede verse en las obras de los grandes compositores, como en el caso del alemán Johann Sebastián Bach (1685 - 1750), seguía reglas aritméticas precisas. Eran las reglas de Pitágoras. Bastaba leer las

Johann Sebastian Bach

yuxtaposiciones aritméticas para entender si esa música funcionaba o no, sin siquiera escucharla.

La música era una de las cuatro ciencias reinas que todas las personas cultas estudiaron durante milenios, junto con la geometría, la aritmética y la astronomía, todas unidas por la matemática.

Así se componía el *quadrivium*, un programa de estudio que suponía la base para aprender parte de las artes liberales de la Edad Media.

La matemática y los juegos

Muchos afirman que la matemática está ligada a los juegos, es más: que en sí misma es un juego muy divertido. Veamos algunos ejemplos.

Juego 1

Si tardo 10 segundos en llenar un vaso con una jarra, ¿cuánto tardaré en llenar 2 vasos con 2 jarras? ¿Y 3 vasos con 3 jarras? ¿Y 4 vasos con 4 jarras?

Resolución

Siempre tardaré 10 segundos en llenar 2 vasos con 2 jarras, ya que llenaré cada vaso con cada jarra utilizando las dos manos a la vez.

Para llenar 3 vasos con 3 jarras (o con 2) emplearé 20 segundos porque tendré que hacerlo en 2 tiempos. Soy ambidiestro, pero sólo tengo dos brazos.

Para llenar 4 vasos con 4 jarras (o con 2) seguiré necesitando 20 segundos. Intenta averiguar qué pasaría con los demás casos.

Juego 2

Tenemos dos recipientes graduados perfectamente idénticos; el vaso A, lleno de agua hasta el borde; el B, lleno de café hasta el borde. Queremos hacer una mezcla que contenga exactamente 50% de agua y 50% de café, pero sin utilizar ningún otro utensilio (ni tazas, cucharas o pitillos). ¿Cómo hacerlo?

Resolución

Toma el vaso A y tira el 50% de agua; vierte el contenido de B en A hasta el borde. También vale la solución simétrica.

La estrategia pertenece a la categoría "huevo de Colón", es decir, ¡problemas demasiado triviales!

Juego 3

Antonio vio que Laura llevaba horas garabateando tablas de números primos; intrigado, le preguntó qué hacía.

Laura, aún con la cabeza en el papel, le respondió: "Estoy buscando un número primo 'en rima', pero no lo encuentro".

"¿En rima?, ¿a qué te refieres?" preguntó Antonio, cada vez más curioso.

Laura respondió: "En rima, como en los poemas que finalizan con un sonidos semejantes de manera intercalada, y el primer número coincide con el tercero, mientras que el segunda acopla con el cuarto, tipo ABAB ".

Antonio se fue sacudiendo la cabeza y pensando: "Pobre aritmética".

Resolución

Un número de cuatro cifras del tipo ABAB tendrá la forma 1000(A) + 100(B) + 10(A) + B, es decir, 1010(A) + 101(B), es decir, 101×(10A+B); y, por tanto, siempre será divisible por 101. Y entonces, no puede ser primo.

Incluso los egipcios, en papiros de hace más de 4000 años, proponían juegos de este tipo. El más famoso es el siguiente:

Un mercader va al mercado con sus 7 ayudantes; cada ayudante tiene 7 sacos; en cada saco hay 7 cajas; en cada caja hay 7 paquetes; cada paquete contiene 7 naranjas. Contando todo, el mercader, los ayudantes, los sacos, las cajas, los paquetes, las naranjas, ¿cuántos van al mercado?

La respuesta es sencilla si sabes utilizar las potencias:

$$1 + 7 + 7^2 + 7^3 + 7^4 + 7^5;$$

aún más elegante si sabes que $7^0=1$ y $7^1=7$:

$$7^5 + 7^4 + 7^3 + 7^2 + 7^1 + 7^0.$$

La matemática y la belleza

Según muchos intelectuales, la matemática es una obra de arte. Es a la vez un juego divertido y una expresión del gusto por la belleza. En primer lugar, el gusto por la creación; encontrar cosas nuevas, incluso sin aplicaciones concretas, solo por el mero placer de verlas creadas, es el acontecimiento más hermoso de la Tierra.

Pero incluso sin llegar a crear matemática, tienes que admitir que sientes satisfacción cuando resuelves un problema, cuando entiendes las cosas. Es como pintar un cuadro, escribir un poema. El conocimiento es bello en sí mismo.

Además, no todos los teoremas y fórmulas son iguales. Algunos son más elegantes que otros. No basta con tener una idea, no basta con demostrarla, sino que también es necesario... vestirla adecuadamente, es decir, presentarla al mundo de la ciencia de una forma limpia que no corra peligro de ser "ensuciada" por alguna objeción. Muy a menudo, esta es la parte más difícil. Aquí es donde el matemático debe demostrar ser un artista. Cuando dos matemáticos se encuentran y uno le cuenta al otro su último descubrimiento o creación, el colega no le dirá: "Qué teorema tan útil" o "Qué teorema tan interesante"; le dirá: "Qué hermoso teorema, qué teorema más bonito".

A los matemáticos les gusta mucho la belleza. Aunque sea una belleza que no todo el mundo comprende, como no todos aprecian del mismo modo un cuadro o un poema.

El misterioso pasado de la geometría

¿Quién inventó la geometría y cuándo? Buena pregunta. La geometría comenzó en la prehistoria.

La pintura prehistórica sobre rocas o en cuevas hizo su aparición en torno al 40 000 a. C., con improntas o contornos de manos impresos o delineados en las paredes rocosas, y después con llamativas y bellas imágenes de animales. Desde entonces, el ser humano ha intentado dar visiones de carácter geométrico.

Muchas representaciones prehistóricas interesantes se encuentran en las paredes interiores de cuevas, o en menhires (del bretón "men hir", piedra larga). Otras esculturas están realizadas a partir de una sola piedra tallada; se encuentran en todo el mundo, incluso de épocas más recientes.

Arte tallado en piedra hace más de 4000 años. Huancor (Perú).

En algunos casos, a pesar de las ricas y matemáticamente significativas representaciones tridimensionales, también las hay bidimensionales.

Y entonces aparecen los laberintos, un misterio precioso.

Luego está la espiral, que simboliza el paso de la vida a la muerte, mientras que el laberinto siempre ha sido un símbolo mágico. En todo caso, ambas formas se encuentran en un gran número de grabados tanto en muros como en cuevas.

De grabados de escala monumental, están los famosos motivos laberínticos en forma de animales hallados en Nazca (Perú), datados actualmente entre 300 y 500 a. C.

El ser humano, por tanto, se lanza a la creación de la matemática, no sólo de la aritmética, sino también de la geometría.

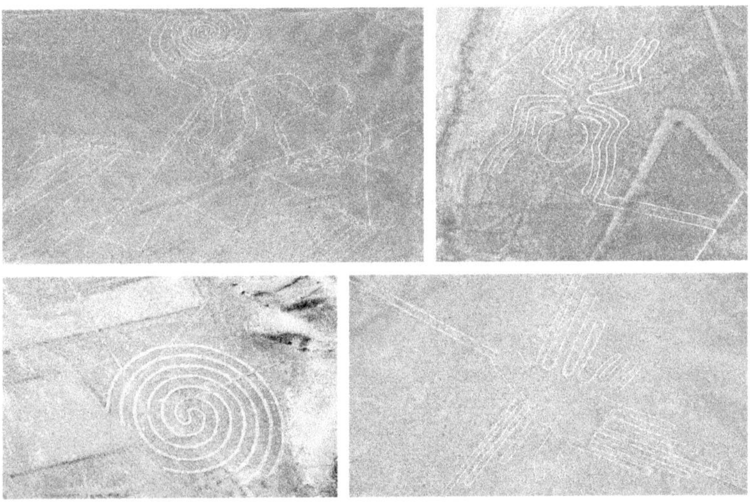

Las impresionantes imágenes de Nazca representan animales como el mono, la araña, el caracol y el colibrí.

El futuro de la matemática

Frecuentemente se escucha la pregunta: ¿ya se ha descubierto o inventado toda la matemática, o aún queda algún enigma por resolver?

¡Por supuesto que queda algo! Quedan más descubrimientos y creaciones por realizar, respuestas por dar, que las que ya se han dado.

Por ejemplo, en el campo de los números primos hay muchos asuntos por despejar. Por ejemplo, todos sabemos que dado cualquier número par mayor que 2, siempre parece posible encontrar dos números primos cuya suma sea ese número.

Por ejemplo:

$$4 = 2+2$$
$$6 = 3+3$$
$$8 = 5+3$$
$$10 = 7+3$$
$$12 = 7+5$$
$$\dots$$
$$100 = 97+3$$
$$\dots$$
$$1000 = 997+3$$
$$\dots$$

y así hasta números gigantes. Vamos, busca tú mismo dos o tres ejemplos.

Nadie ha sido capaz de encontrar, hasta ahora, un número par mayor que 2 que no siga esa regla. Así que tal vez esta regla se aplique siempre; pero entonces habría que demostrarla. Y nadie ha encontrado aún tal demostración. Se le está buscando desde 1700, cuando el matemático alemán Christian Goldbach (1690 - 1764) se dio cuenta de esta interesante propiedad; intentó demostrarla durante años y años, pero nunca lo consiguió. Tampoco nadie después de él lo ha conseguido.

En el año 2000, una editorial ofreció un premio de 1000000 de dólares a quien demostrara correctamente o encontrara un ejemplo contrario, pero nadie se presentó y, varios años después, se canceló el premio.

Para concluir

Hemos intentado galopar por la historia de la matemática, examinando diversos casos y curiosidades, tanto cuestiones muy sencillas, como otras algo más difíciles; así has visto cómo han evolucionado algunos de sus temas. Incluso sabes ahora que los animales saben de matemática. Que los seres humanos, desde los tiempos más remotos, han estudiado, utilizado, desarrollado la matemática. Y todo esto ha ocurrido en distintas zonas del mundo, como Asia, Europa, América, África, y Oceanía

También puedes decir que la matemática no es sólo hacer cálculos, sino también jugar, crear arte, componer música.

De modo que no hay razón para temer a la matemática, porque es el ser humano quien la inventa, y por tanto no es una materia misteriosa o reservada sólo a los "genios", sino que cualquiera puede entenderla o incluso inventarla.

Quién sabe, a lo mejor te apetece estudiarla un poco más y, entonces sí, intentar inventarla por tu cuenta, como han hecho todos esos personajes que hemos mencionado en estas pocas páginas.

Al fin y al cabo, se trata de plantearse un problema o un juego, para encontrar una solución. La satisfacción es grande y causa un enorme placer, como haber escrito un hermoso poema, haber resuelto un difícil acertijo, haber pintado el más hermoso cuadro del mundo.

www.ingramcontent.com/pod-product-compliance
Lightning Source LLC
La Vergne TN
LVHW082234051026
849532LV00012B/3977
9789582014742